LES MANCHOTS

« À mes filles Salomé et Anahita, et mon épouse Sophie. »

FSC
www.fsc.org
MIXTE
Papier issu de sources responsables
FSC® C112556

Conception graphique et mise en pages :
Mathilde Delattre-Josse
www.mathildedelattrejosse.com
Préparation de copie : Martine Desbureaux
Relecture sur épreuve : Claire Dauvel

ISBN : 978-2-603-02635-9
Dépôt légal : septembre 2019
Photogravure : Chromostyle
Achevé d'imprimer en septembre 2019
sur les presses de DZS GRAPHIK DOO.
Imprimé en Slovénie

LES MANCHOTS

Michel Gauthier-Clerc

DELACHAUX
ET NIESTLÉ

SOMMAIRE

INTRODUCTION

Au XIXe siècle, les manchots étaient tués puis bouillis pour en extraire de l'huile, ou pour servir d'appâts. Leurs œufs étaient récoltés pour être consommés. Autre temps, autres mœurs : ils font désormais l'objet de meilleures attentions et jouissent de nos jours d'une importante popularité auprès du grand public. Que cela soit en Australie, aux Galápagos, ou dans la péninsule Antarctique, ils sont aussi devenus une attraction touristique. S'il existe des groupes d'espèces d'oiseaux, même très communs, en Europe pour lesquelles les données sont très parcellaires et se résument aux données biologiques de base recueillies grâce aux naturalistes amateurs, les manchots, eux, ont fasciné beaucoup d'équipes scientifiques. Cet intérêt est venu notamment de leurs capacités à vivre dans des lieux non colonisés par les humains loin de la logistique et des techniques avancées. Les manchots présentent une impressionnante panoplie d'adaptations qui défient nombre des limites physiologiques connues : la plongée, le jeûne, la résistance au froid... Oiseaux incapables de voler, les manchots passent la majorité de leur vie dans l'eau. Les humains ne les côtoient quasiment que lors de leurs phases de vie terrestre. Leur vie en mer est ainsi longtemps restée méconnue. Les développements techniques ont permis de dévoiler peu à peu leur vie, que ce soit à des milliers de kilomètres des terres ou dans les profondeurs de leurs plongées.

Les considérations géopolitiques ont très largement favorisé la recherche sur les manchots. Plusieurs pays européens ont pris possession des territoires subantarctiques et antarctiques durant les XVIIIe et XIXe siècles. Le Traité international de l'Antarctique de 1959 a promu la science devant le militaire et l'exploitation. En 1947, les Expéditions polaires françaises — Missions Paul-Émile Victor — furent créées en France et perdurent de nos jours avec l'Institut polaire français Paul-Émile Victor. Les bases scientifiques dans les Terres australes et antarctiques françaises permirent d'y développer des recherches sur les manchots, notamment menées, au début par le Muséum national d'histoire naturelle puis par les équipes du Centre national de la recherche scientifique de Chizé et de Strasbourg. Chaque mois, de nouveaux articles sont publiés par les équipes spécialisées sur ces espèces dans le monde entier, en France, au Royaume-Uni, au Japon, au Chili ou encore en Australie. Comme pour beaucoup d'espèces, les recherches relevaient à l'origine

Groupe de Gorfous sauteurs à New Island dans l'archipel des Malouines.
© Laurent Demongin

principalement d'études fondamentales en zoologie, en éthologie, en physiologie puis en écologie évolutive. Ce n'est que plus récemment, dans les années 1990, que des recherches plus appliquées se sont mises en place, en lien avec les changements planétaires. Les manchots ont par exemple servi d'indicateurs des changements océaniques. De nos jours, c'est la préservation même des manchots qui est questionnée face aux modifications du climat et à l'exploitation des ressources marines, poissons et krill. L'espérance de vie des manchots dépasse souvent 15 ans et, en quelques générations, ils vivent et vivront de profonds changements de leur environnement.

Cet ouvrage ne peut pas couvrir et résumer l'ensemble des connaissances accumulées depuis des dizaines d'années. Il a pour objectif de vous faire parcourir l'histoire et la vie des manchots, et de vous en montrer la richesse mais aussi la fragilité.

LES MANCHOTS
PRÉHISTORIQUES

Il y a 60 à 25 millions d'années

L'image populaire des manchots est celle d'oiseaux incapables de voler et d'oiseaux des grands froids. Cette vision est celle de notre époque, issue d'une longue évolution. Les manchots ont des ancêtres volants et la perte de leur capacité de vol s'est faite au profit d'une optimisation de la nage sous l'eau. La séparation entre la branche qui donna les grands voiliers marins, tels que les albatros et les puffins, et celle qui donna les manchots date d'il y a 70 à 65 millions d'années.

Le Gondwana formait jadis un vaste continent dans l'hémisphère Sud, qui commença à se fracturer il y a environ 160 millions d'années. Il y a 60 millions d'années, l'Amérique du Sud, l'Antarctique et l'Australie étaient encore rattachées, alors que l'Afrique et la Nouvelle-Zélande s'en étaient déjà détachées depuis 20 millions d'années.

S'il reste de nos jours 21 espèces de manchots encore vivantes, une cinquantaine d'autres espèces éteintes ont déjà été découvertes par des restes fossiles. Parmi elles, certaines avaient des caractères morphologiques que l'on ne retrouve plus dans les espèces actuelles, comme un bec très long et pointu chez le Manchot géant *Icadyptes salasi*, ou des plumes rousses et grises chez *Inkayacu paracasensis*, qui tous les deux vivaient au Pérou. Les fossiles découverts en Antarctique, en Nouvelle-Zélande, en Afrique du Sud et en Amérique du Sud ont permis de retracer des étapes clés de l'histoire des manchots. Les plus vieux fossiles de manchots datent d'il y a environ 62 à 60 millions d'années. Le climat, dans cette zone, était alors subtropical. Il continua de se réchauffer et resta très chaud durant la période comprise entre 60 et 35 millions d'années avant notre ère.

Manchot de Humboldt. L'espèce se serait différenciée il y a environ 4 millions d'années.

Crâne fossile du manchot géant *Icadyptes salasi,* âgé de 36 millions et trouvé au Pérou, comparé au crâne du Manchot de Humboldt actuel.
© Daniel Ksepka / Museo de Historia Natural de Lima

Le réchauffement fut parfois très rapide, avec une hausse de 6 °C en 20 000 ans seulement. Cette période chaude semble avoir créé une opportunité pour les manchots, car on y a découvert des fossiles de plusieurs dizaines d'espèces datant de cette époque.

Les fossiles les plus anciens appartiennent à des espèces géantes de manchots. *Kumimanu biceae* a été découvert en Nouvelle-Zélande. Il vivait il y a 60 à 56 millions d'années. Le mot *Kumimanu* vient de la langue maorie : *manu* pour « oiseau », et *kumi,* un monstre mythologique. Cette espèce était de taille humaine, pouvant atteindre 1,80 mètre et 100 kilos.

Plusieurs espèces d'une autre branche, encore plus anciennes, ont été également découvertes en Nouvelle-Zélande : *Muriwaimanu tuatahi, Waimanu manneringi* et *Sequiwaimanu rosieae.* Le plus ancien fossile connu du genre *Waimanu,* une espèce légèrement plus petite que *Kumimanu,* vivait il y a 61,5 à 60 millions d'années. Dans son histoire évolutive, *Kumimanu* est à part de ces autres espèces géantes. Les analyses ont montré que les manchots avaient évolué vers le gigantisme à plusieurs reprises, de façon indépendante, suggérant que cette taille apportait un avantage déterminant.

Ci-contre : humérus (en haut) et coracoïde de la ceinture scapulaire (en bas) du manchot géant *Kumimanu biceae* (60 millions d'années, Nouvelle-Zélande), du *Pachydyptes ponderosus,* le plus grand manchot fossile connu (35 millions d'années, Nouvelle-Zélande) et de l'actuel Manchot empereur *(Aptenodytes foresteri). Pachydyptes* devait mesurer 1,50 m et peser 80 kg. © Gerald Mayr

Crâne de manchot géant du genre *Sequiwaimanu*, qui vivait il y a plus de 60 millions d'années en Nouvelle-Zélande. © Gerald Mayr

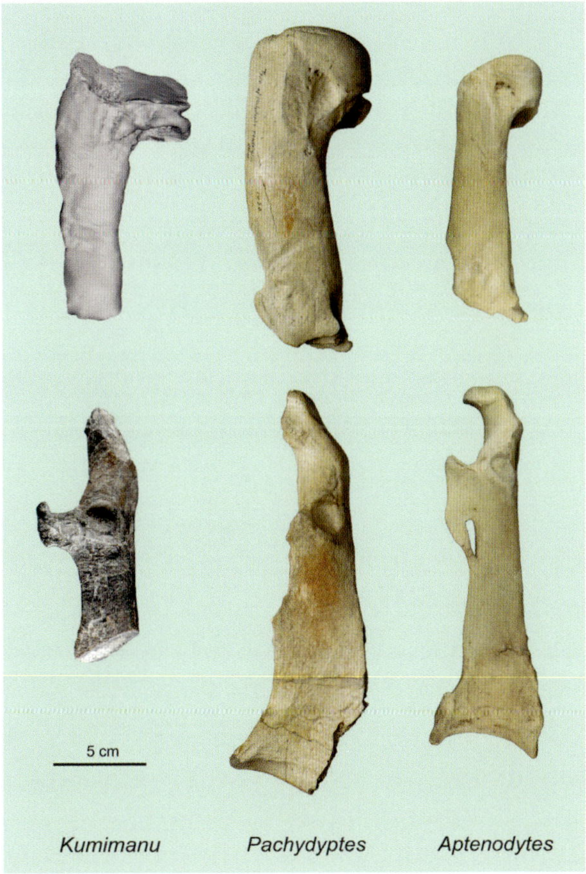

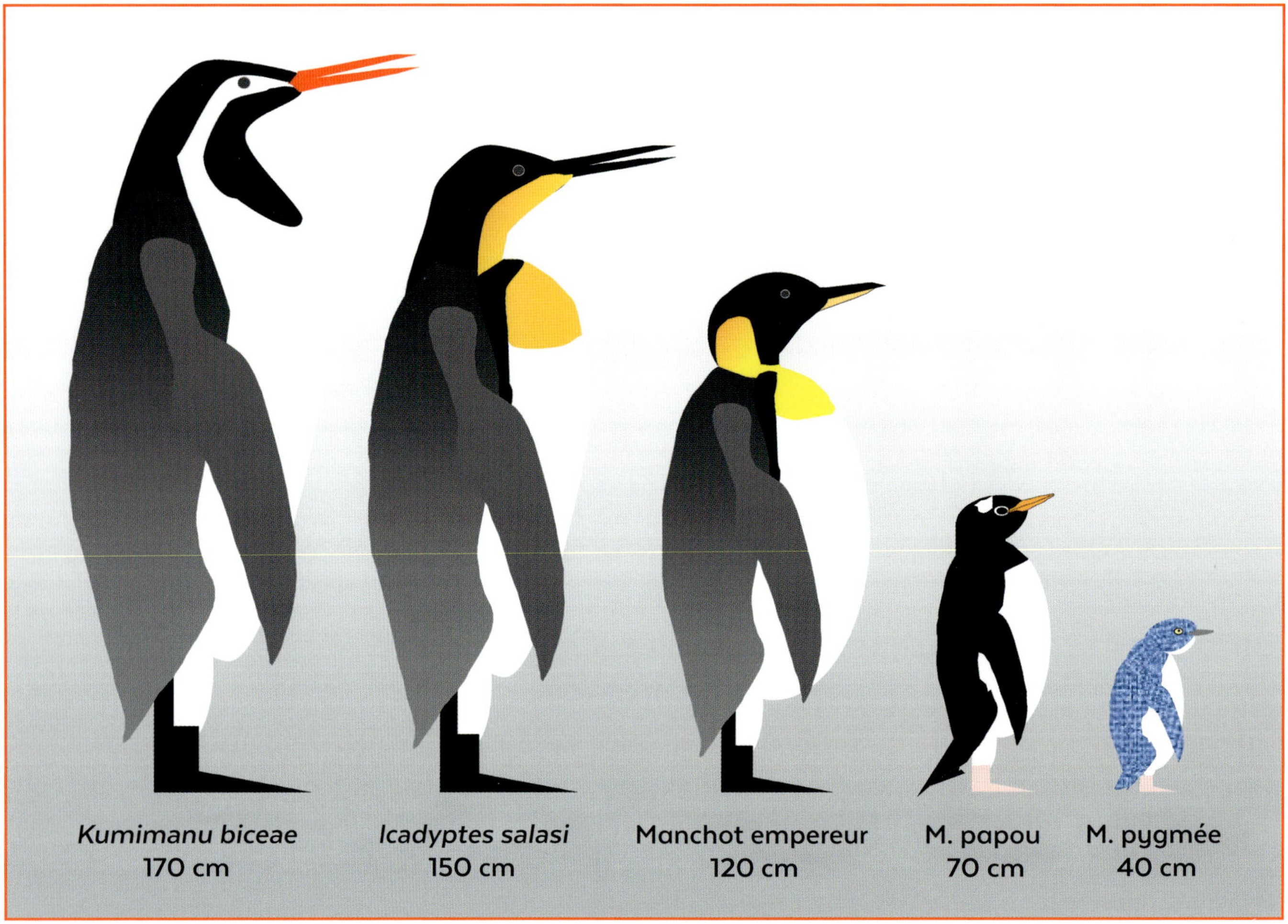

Comparaison de la taille des manchots géants fossiles avec les manchots actuels. Le Manchot empereur est le plus grand manchot moderne et le Manchot pygmée le plus petit. © Michel Gauthier-Clerc

De nombreuses espèces géantes de plus de 1,40 mètre ont existé il y a 60 à 25 millions d'années, dans la péninsule Antarctique, en Nouvelle-Zélande, en Australie et en Amérique du Sud. En comparaison, le plus grand manchot moderne, le Manchot empereur, atteint seulement 1,20 mètre. Une espèce encore plus grande a été découverte dans la péninsule Antarctique : *Palaeeudyptes klekowskii*. Elle vivait il y a 37 millions d'années et dépassait les mensurations moyennes d'un humain, atteignant 2 mètres de hauteur pour une masse de 115 kilos. *Icadyptes salasi,* légèrement plus petit avec 1,50 mètre, découvert au Pérou, vivait à la même époque. Leur anatomie était proche de celle des manchots actuels, adaptée à la nage. Beaucoup présentaient cependant un bec très allongé, absent de nos jours. Avec une colonne cervicale renforcée et un crâne étroit, *Kumimanu biceae* et *Icadyptes salasi* étaient ainsi manifestement adaptés à la plongée et à la capture de proies puissantes. Leur haute taille laisse supposer qu'ils devaient capturer des proies plus grandes qu'actuellement. Les populations de manchots de taille géante ont parfois eu des effectifs trois fois plus nombreux que les manchots actuels. Cela implique qu'ils ont probablement joué un rôle beaucoup plus important dans le fonctionnement des écosystèmes marins, par la masse de proies qu'ils consommaient.

Les manchots auraient évolué assez rapidement vers le gigantisme après la perte de leur capacité à voler. Ils auraient profité de l'extinction massive d'espèces au Crétacé-Tertiaire, il y a 66 millions d'années, extinction qui aurait touché des compétiteurs et des prédateurs, notamment les grands reptiles marins, laissant libres de vastes niches alimentaires dans les océans que les manchots auraient alors occupées.

Il y a 34 millions d'années, le climat s'est profondément modifié. Les températures de la planète ont chuté rapidement de 4 à 6 °C, entraînant l'extinction de nombreuses espèces. C'est à cette époque que le continent Antarctique a commencé à se recouvrir d'une calotte glaciaire. Une grande majorité des espèces de manchots actuels est adaptée au froid. Certains, comme le Manchot empereur, vivent à la fois dans des climats terrestres polaires et des eaux très froides, tandis que d'autres, comme le Manchot de Humboldt, se reproduisent dans des climats méditerranéens mais se nourrissent dans des eaux froides. Les manchots actuels sont ainsi très sensibles aux phases de réchauffement. Selon un scénario maintenant rejeté, les manchots seraient venus de contrées froides et auraient ensuite réussi à s'adapter pour conquérir des zones plus chaudes vers les tropiques. Dans ce scénario, les manchots auraient profité du refroidissement brutal survenu il y a 34 millions d'années, puis de la poursuite de ce refroidissement il y a 23 à 3 millions d'années, pour se disperser vers le nord. En réalité, des manchots comme *Perudyptes devriesi* et *Icadyptes salasi* se sont dispersés vers le Pérou et l'Équateur bien avant le refroidissement, au maximum de la période chaude, il y a 40 millions d'années. Les manchots préhistoriques étaient bien des animaux d'eaux tempérées à tropicales, et non d'eaux froides.

Il y a 25 millions d'années, les espèces de manchots géants avaient quasiment toutes disparu. Leur disparition pourrait être la conséquence de ce refroidissement du climat. Cependant, certaines espèces géantes étaient parvenues à se maintenir. L'explication actuellement retenue est que les manchots géants ont été dépassés par l'expansion et la domination des mammifères marins, cétacés à dents et phoques.

Manchots Adélie et Phoque de Weddell. Les formes géantes de manchots auraient disparu à la suite de l'émergence des mammifères marins qui les auraient concurrencés pour leurs proies. © David Grémillet

Comparaison d'humérus du Manchot pygmée, du Manchot empereur et du manchot géant fossile *Anthropodyptes gilli* (25 millions d'années, Australie). © Travis Park

Ces derniers seraient devenus à la fois leurs concurrents pour les stocks de proies et leurs prédateurs, comme c'est le cas de nos jours avec les orques et les léopards de mer. Seule l'Australie a livré des fossiles de manchots géants datant d'il y a moins de 25 millions d'années, de l'espèce *Anthropodyptes gilli*. Celle-ci aurait réussi à y vivre plusieurs millions d'années après l'extinction des autres espèces géantes.

Il y a 25 à 5 millions d'années

L'Antarctique, l'Amérique du Sud et l'Australie ont été colonisées à plusieurs reprises par des espèces de manchots : elles ont connu des extinctions, puis de nouvelles colonisations. Les manchots s'y sont ainsi dispersés à plusieurs reprises entre les différents continents de l'hémisphère Sud et s'y sont maintenus sur des dizaines de millions d'années, jusqu'à nos jours. L'Afrique semble avoir été le continent le plus difficile à coloniser par les manchots : les plus vieux fossiles, en Afrique, ne datent que de 12 à 10 millions d'années.

D'après les données moléculaires, on estime que l'ancêtre commun le plus récent des espèces de manchots modernes aurait vécu il y a 20,4 millions d'années. Les principaux genres des manchots modernes (*Aptenodytes, Pygoscelis, Spheniscus*...) auraient commencé à diverger il y a 16 à 11 millions d'années. Cette période correspond à une nouvelle forte baisse des températures sur le continent Antarctique, qui eut pour conséquence le recouvrement des terres immergées par la glace. Les plus anciens fossiles connus de cette époque sont datés d'environ 10 millions d'années pour un manchot du genre *Spheniscus, S. muizoni*, découvert en Antarctique, et *Madrynornis mirandus* en Argentine. *Spheniscus muizoni* était plus petit que le Manchot de Humboldt *Spheniscus humboldti* actuel. *Madrynornis mirandus* était proche des gorfous actuels, du genre *Eudyptes*. Il disposait déjà de pigments jaunes, ce qui suggère qu'il présentait déjà des aigrettes sur la tête. Il y a 5 millions d'années, il ne restait quasiment plus que les espèces de manchots

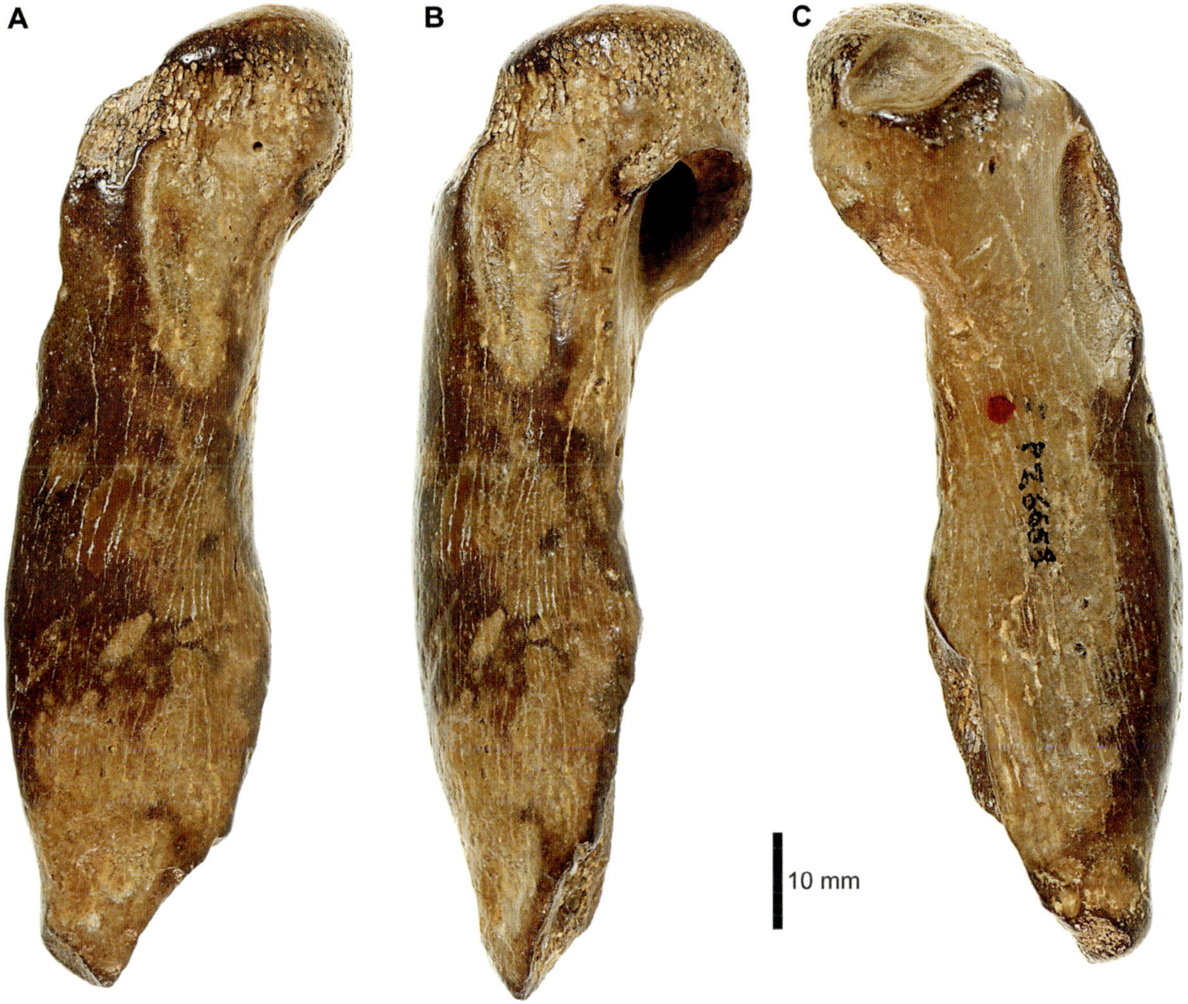

Humérus de *Pseudaptenodytes macraei*.
Issu d'une autre branche que les manchots actuels,
il vivait encore en Australie il y a 6 millions d'années. © Travis Park

qui donnèrent les manchots actuels, les autres branches s'étant éteintes entre 55 et 10 millions d'années. Quelques espèces parvinrent quand même à se maintenir plus longtemps, comme *Dege hendeyi* en Afrique ou *Pseudaptenodytes macraei* en Australie.

Les manchots d'Australie ont eu une histoire différente. Jusqu'il y a 5 millions d'années, tous les manchots qui y habitaient appartenaient à des groupes maintenant éteints et les groupes des manchots actuels y étaient absents. L'explication serait que le

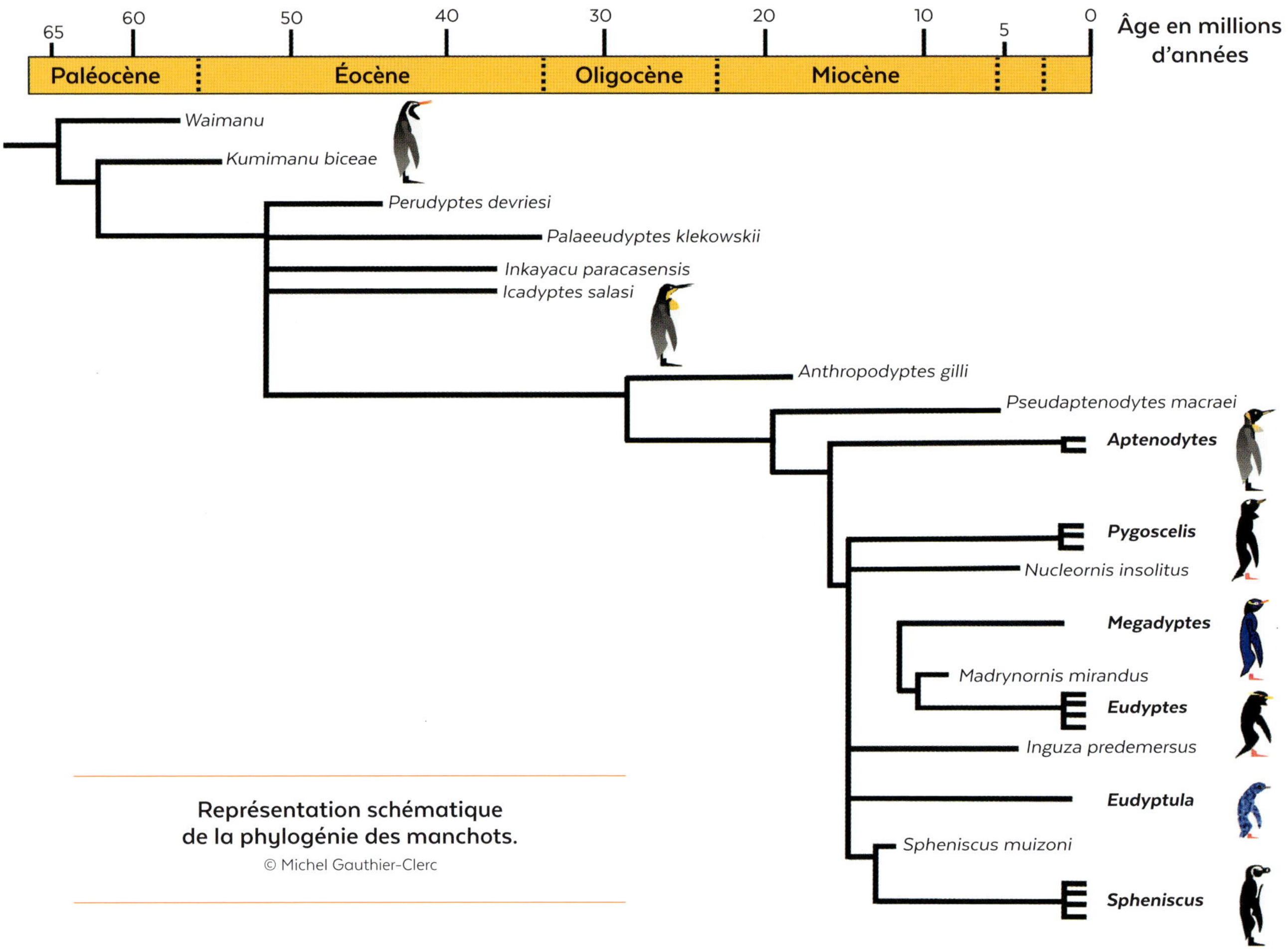

Représentation schématique de la phylogénie des manchots.

front polaire antarctique a créé au sud une barrière limitant la colonisation de l'Australie. L'Australie s'est séparée de l'Antarctique il y a seulement 50 millions d'années, et a continué de dériver vers le nord. Un passage s'est également créé entre la péninsule Antarctique et l'Amérique du Sud, le passage de Drake, séparant les deux continents il y a 25 millions d'années. Un courant océanique a pu ainsi se mettre en place autour de l'Antarctique, le courant circumpolaire antarctique, qui a formé une voie de dispersion des manchots dans l'hémisphère Sud. Cependant, le front polaire antarctique, qui est la zone de convergence entre les eaux très froides de l'Antarctique et celles moins froides du sud des océans Pacifique, Atlantique et Indien, s'est renforcé entre 20 et 5 millions d'années, et limitant ainsi la possibilité pour les manchots de se disperser entre l'Antarctique et l'Australie.

Côtes du Chili à Choros, sous l'influence du courant de Humboldt.
© Céline Le Bohec

L'origine des manchots actuels

L'Afrique a toujours été le continent de l'hémisphère Sud accueillant le moins de manchots et semble avoir été le plus difficile à coloniser par ces espèces. Les plus vieux fossiles de manchots en Afrique ne datent que d'il y a 10 à 12 millions d'années. Les espèces fossiles *Nucleornis insolitus* et *Inguza predemersus,* découvertes en Afrique, étaient très éloignées du genre *Spheniscus,* ancêtre de l'actuel Manchot du Cap *Spheniscus demersus.* Les trois espèces avaient ainsi colonisé indépendamment l'Afrique du Sud. Le genre *Spheniscus* est arrivé depuis l'Amérique du Sud en traversant l'Atlantique à la faveur des courants

Adulte de Manchot du Cap avec son poussin. L'espèce n'est présente que sur les côtes d'Afrique du Sud et de Namibie. © Laurent Demongin

Gorfou des Snares, endémique des îles Snares, au sud de la Nouvelle-Zélande.
© Laurent Demongin

océaniques d'ouest en est, soit par le courant circumpolaire antarctique soit par le courant sud-atlantique. Même s'il est probable que les ancêtres d'*Inguza* et de *Nucleornis* aient suivi la même voie, il reste possible qu'ils soient venus depuis l'Australie ou la Nouvelle-Zélande. Les manchots sont toujours restés cantonnés à la pointe sud du continent africain, n'arrivant pas à s'étendre vers le nord, probablement faute de courants océaniques favorables. Sur la côte pacifique de l'Amérique du Sud, le courant de Humboldt, qui va du sud vers le nord, a au contraire permis l'expansion des manchots jusqu'à l'Équateur. Depuis plus de 20 millions d'années, le courant d'Angola, composé d'eaux chaudes et pauvres en nutriments, coule vers le sud le long de la côte ouest de l'Afrique pour converger avec le courant de Benguela circulant de la pointe sud de l'Afrique vers le nord. La rencontre de ces deux courants a formé un front océanique qui a probablement joué le rôle d'une barrière physique, pauvre en nourriture, empêchant le Manchot du Cap, *Spheniscus demersus*, de se propager vers le nord.

Il y a 5 à 3,5 millions d'années, la planète a connu une période plus chaude qui a provoqué la fonte des glaces du Groenland, de l'Antarctique de l'Ouest et d'une partie de l'Antarctique de l'Est. Le niveau des mers était plusieurs dizaines de mètres au-dessus du niveau d'aujourd'hui. Ce haut niveau des mers correspond à la diversification maximale des manchots actuels. Cette grande hauteur de niveau de la mer a créé un grand nombre d'îles. Or, bien que les manchots passent une grande partie de leur vie en mer, ils dépendent de la terre pour nicher. Les îles ont donc permis une radiation spectaculaire de

Manchot pygmée australien et son poussin sur l'île de Troubridge Island, dans le sud de l'Australie. © Diane Colombelli-Négrel

nombreux organismes, dont les manchots — la radiation est l'évolution rapide de nouvelles espèces à partir d'un ancêtre commun, comme ce fut le cas pour les célèbres pinsons des Galápagos. Des manchots endémiques à certaines îles ont émergé à cette époque : le Manchot des Galápagos, *Spheniscus mendiculus,* dans l'archipel des îles Galápagos à l'équateur dans le Pacifique, le Gorfou de Moseley, *Eudyptes moseleyi,* sur les îles Gough et Tristan da Cunha dans l'Atlantique Sud, le Gorfou des Snares, *Eudyptes robustus,* dans les îles Snares au sud de la Nouvelle-Zélande, le Gorfou huppé, *Eudyptes sclateri,* dans les îles Antipodes et Bounty au sud-est de la Nouvelle-Zélande, le Gorfou de Schlegel, *Eudyptes schlegeli,* sur l'île Macquarie au sud de la Nouvelle-Zélande, le Gorfou de Chatham, *Eudyptes warhami,* éteint depuis quelques siècles, sur les îles Chatham à l'est de la Nouvelle-Zélande. Pour certaines espèces, les îles proches des côtes ont fourni de nouveaux sites de reproduction à l'abri des prédateurs des continents.

Le Manchot du Cap, *Spheniscus demersus*, semble en avoir été un grand bénéficiaire au sud du continent africain. Cependant, jusqu'à nos jours, des fluctuations importantes et répétées du niveau de la mer dans la région du Cap ont modifié l'environnement côtier des Manchots du Cap, avec une tendance générale à la détérioration des conditions pour les colonies de reproduction, au point que l'espèce ne compte plus que quelques milliers de couples.

Si les îles ont indubitablement joué un rôle clé dans la diversification des espèces actuelles de manchots, un autre facteur physique fondamental a été l'influence des grands courants océaniques : ils ont permis aux manchots de gagner de nouvelles terres de reproduction, les conduisant à évoluer vers de nouvelles espèces. Le courant océanique circumpolaire, c'est-à-dire le courant circulant autour du continent Antarctique d'ouest en est, aurait isolé des populations de manchots qui se seraient séparées entre les genres *Eudyptula* et *Spheniscus*. Le genre *Eudyptula* aurait divergé, donnant le Manchot pygmée en Australie et en Nouvelle-Zélande. L'ancêtre des *Spheniscus* aurait traversé l'océan Pacifique Sud depuis l'Australie et la Nouvelle-Zélande vers l'Amérique du Sud.

Manchots du Cap à Boulders Beach, sur la côte d'Afrique du Sud. © Laurent Demongin

Le courant de Humboldt qui remonte du sud au nord le long de la côte ouest de l'Amérique du Sud aurait permis la dispersion de *Spheniscus* dans l'archipel des Galápagos, ce genre se différenciant entre Manchot de Humboldt, *Spheniscus humboldti,* et Manchot des Galápagos, *Spheniscus mendiculus.* Dans l'Atlantique Sud, le courant du Brésil à l'est de l'Amérique du Sud et le courant de Benguela à l'ouest de l'Afrique auraient permis la dispersion de *Spheniscus* vers l'Afrique du Sud, donnant le Manchot du Cap, *Spheniscus demersus.*

Des manchots restreints à l'hémisphère Sud

Nombre d'oiseaux marins fréquentent à la fois l'Atlantique Nord et Sud, ou le Pacifique Nord et Sud. Les manchots, eux, sont toujours restés cantonnés à l'hémisphère Sud. Seul le Manchot des Galápagos atteint la latitude de l'Équateur et la dépasse à la marge. Il existe pourtant à la fois des îles, des côtes et des masses océaniques productives qui auraient pu leur être favorables dans l'hémisphère Nord. Les manchots actuels sont surtout adaptés à des eaux froides

Le Manchot Adélie vit dans les eaux froides à la limite de la banquise autour du continent Antarctique.

© David Grémillet

à tempérées et ne sont arrivés qu'assez récemment, à l'échelle évolutive, près de l'Équateur. Les lignées du genre *Aptenodytes* et *Pygoscelis* sont restées confinées à la zone antarctique en y développant des adaptations au froid, à terre comme en mer. Le courant de Humboldt, qui vient de l'Antarctique et charrie des eaux froides vers le nord, aurait permis la progression vers le nord des Manchots de Humboldt et des Galápagos, qui se seraient différenciés il y a environ 4 millions d'années.

Les grands courants océaniques de l'hémisphère Sud ont aidé à la dispersion et à la différenciation des manchots en de nouvelles espèces. Ils ont aussi fourni des zones de remontée d'eaux riches en nourriture. Mais les eaux tropicales plus chaudes, moins productives en nourriture, ainsi que l'absence de grands courants océaniques faisant le lien entre le nord et le sud des océans Pacifique et Atlantique ont été une barrière au passage des manchots vers l'hémisphère Nord.

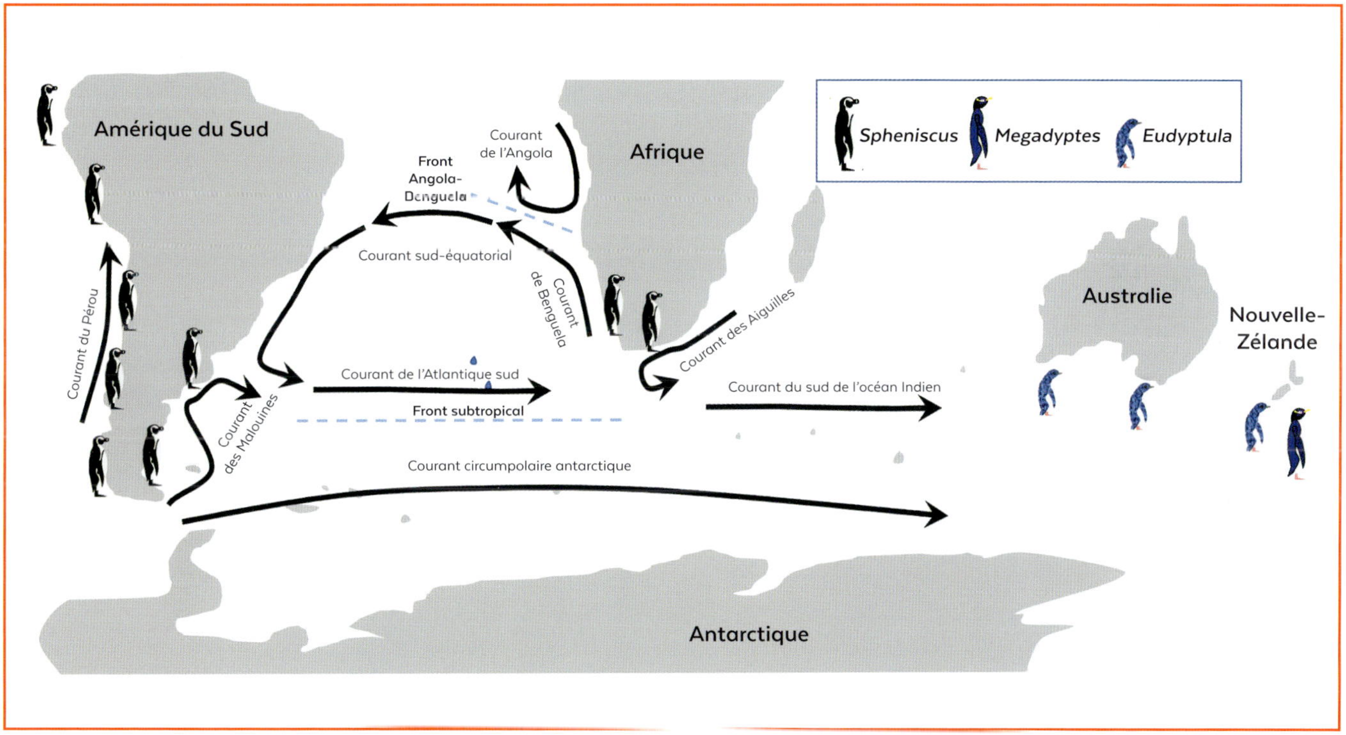

Les manchots du genre *Spheniscus* se sont répandus et diversifiés en de nouvelles espèces en suivant les grands courants océaniques, du sud au nord le long des côtes de l'Amérique du Sud et vers l'Afrique du Sud. © Michel Gauthier-Clerc

Colonie de Manchot empereur
sur la banquise antarctique.
© Céline Le Bohec

LES MANCHOTS
DE L'ÉPOQUE MODERNE

Histoire de leur découverte

Dans l'histoire des manchots, la rencontre avec les humains a malheureusement été assez brutale en général, car ils ont toujours représenté une ressource riche et facile d'accès. On réduit souvent, à tort, la découverte d'une espèce à sa découverte par les Européens. Or, pendant des milliers d'années, les Manchots de Magellan et les Manchots du Cap étaient très bien connus et exploités par les populations locales, respectivement en Terre de Feu (à la pointe de l'Amérique du Sud) et en Afrique du Sud. Avec leurs importantes réserves de graisse et leurs œufs, ils représentaient une source de nourriture abondante, et leurs peaux étaient utilisées pour la fabrication de vêtements. Les Maoris découvrirent la Nouvelle-Zélande il y a plus de 700 ans et exploitèrent massivement les manchots locaux. Les Européens ne firent connaissance avec les manchots que tardivement, à partir de la fin du XVe siècle, lors d'expéditions d'exploration de nouvelles voies navigables et terrestres en Afrique du Sud et en Amérique du Sud.

Reconstitution de dessins rupestres maoris représentant un poisson et plusieurs figures ornithomorphes. © akg-images / Werner Forman

Manchot antipode, l'une des espèces de manchots les plus rares, se reproduisant en Nouvelle-Zélande.
© Luc Hoogenstein / Buiten-beeld / Minden Pictures / Biosphoto

La terre Adélie, sur le continent Antarctique, a été découverte en 1840 par l'expédition de Jules Dumont d'Urville. © Céline Le Bohec

Les zones subantarctiques furent principalement explorées à la fin du XVIIIe siècle. En 1764, le Français Louis-Antoine de Bougainville observa les Manchots royaux aux îles Malouines, où il était chargé de créer une colonie. Mais il fallut attendre l'expédition de l'explorateur britannique James Cook, de 1772 à 1775, pour que le Manchot royal soit formellement décrit. James Cook dépassa les 70 degrés sud, mais n'atteignit pas le continent Antarctique. Durant cette expédition, le Manchot empereur fut découvert par le naturaliste Johann Reinhold Forster mais il le confondit avec le Manchot royal déjà connu des îles subantarctiques. Ce n'est qu'en 1844 que George Robert Gray du British Museum de Londres fit la distinction entre les deux espèces ; il nomma le Manchot empereur *forsteri* en hommage à Forster. En 1840, l'expédition de Jules Dumont d'Urville aborda le continent Antarctique et Dumont d'Urville nomma la terre Adélie en hommage à son épouse Adèle. Les naturalistes à son bord, Jacques Bernard Hombron et Honoré Jacquinot, collectèrent et décrivirent le Manchot Adélie.

L'isolement relatif et la découverte tardive de la majorité des espèces leur a probablement évité de subir le même sort que le Grand Pingouin, *Pinguinis impennis,* qui vivait dans des zones très fréquentées par les humains et finit par disparaître à force d'être chassé. Le sort des manchots a dépendu de la représentation que l'on s'en faisait. La vision chrétienne, anthropocentrée depuis le Moyen Âge, considérant que la nature était au service de l'humanité et de sa croissance, ne posa aucune limite à leur exploitation. Le grand public européen ne les découvrit qu'à partir du XIXe siècle lorsque des individus furent importés dans les parcs zoologiques où ils devinrent rapidement populaires.

Manchot ou pingouin ?

Chez les francophones, il est une discussion récurrente : quelle est la différence entre un manchot et un pingouin ? Pour résumer, en français, le terme « manchot » désigne les oiseaux de la famille des Sphéniscidés, dont toutes les espèces habitent l'hémisphère Sud et sont incapables de voler. Le terme « pingouin » désigne des oiseaux de la famille des Alcidés, qui incluent des espèces comme

Les Mergules nains font partie de la famille des Alcidés, comme les pingouins. Ils vivent en Arctique, notamment au Groenland et au Svalbard. © David Grémillet

Grand Pingouin. Ce spécimen a été ramené dans un port du nord de la France par des baleiniers, conservé dans du sel. Il peut être originaire de Terre Neuve, au Canada, ou d'Islande.

les mergules, les guillemots et les macareux. Une seule espèce de cette famille porte encore le nom de pingouin, le Pingouin torda, *Alca torda*. Les espèces encore vivantes de nos jours sont toutes volantes.

La confusion provient d'une espèce d'Alcidé désormais éteinte, le Grand Pingouin, *Pinguinis impennis*. Celui-ci vivait en grand nombre au nord du Canada, ainsi qu'en Islande et sur des îles britanniques. Il fut exterminé par les marins qui le chassaient pour s'en nourrir, et les dernières observations certaines datent d'avant le milieu du XVIIIe siècle.

Lorsque les marins européens partirent en exploration dans les mers australes, ils y découvrirent d'immenses colonies d'oiseaux marins. Les manchots étaient en apparence très proches du Grand Pingouin que les matelots avaient vu dans les mers de l'hémisphère Nord. Au XVIIIe siècle, le naturaliste français Buffon attribua la découverte des manchots à des marins hollandais, en 1598 en Patagonie, qui les auraient nommés *pinguins*. Buffon distingua les deux familles et garda logiquement le nom d'origine, « pingouin », pour désigner les Alcidés de l'hémisphère Nord, tandis qu'il attribua le nom de « manchots » aux oiseaux découverts dans les mers australes, en référence à leurs ailerons.

Les anglophones désignaient le Grand Pingouin par le terme *penguin*. Mais après la découverte des manchots de l'hémisphère Sud, ils leur appliquèrent ce terme et changèrent le nom du Grand Pingouin du Nord en *Great Auk*. À l'inverse de la langue française, la plupart des langues européennes désignent les manchots par des mots proches de *pinguin* : *penguin* en anglais, *Pinguin* en allemand, *pingüino* en espagnol, *pinguino* en italien, *pigwin* en polonais ou encore *pingvin* en suédois. Une source de confusion pour les francophones.

Gravure issue d'une édition de 1826 des œuvres complètes du naturaliste français Georges-Louis Leclerc de Buffon qui décrit le macareux et le grand Pingouin de l'hémisphère Nord, et le Manchot royal de l'hémisphère du Sud. © akg-images

Les espèces et leur répartition

La répartition des manchots est décrite classiquement selon leurs sites de reproduction. Il s'agit d'une contrainte forte, bien que l'habitat terrestre soit beaucoup moins caractéristique de leur mode de vie que l'habitat marin, où ils se nourrissent et passent la très grande majorité de leur vie.

L'habitat terrestre est un passage obligé dans le cycle des manchots pour incuber leurs œufs, élever leurs poussins, mais également changer totalement leur plumage usé, la mue marquant ainsi la fin de la période de reproduction et permettant d'en commencer une nouvelle avec un plumage neuf. Certains mammifères marins tels que les dauphins et les baleines ont évolué en s'affranchissant totalement de la partie terrestre de leur vie. Comme pour la plupart des autres mammifères, la gestation intra-utérine leur permet de se déplacer en mer tout en assurant la croissance de l'embryon, et, à la naissance, les nouveau-nés sont capables de nager et de s'allaiter. Les otaries et les éléphants de mer, eux, doivent passer par une phase terrestre pour l'accouplement, l'accouchement et l'allaitement. Les manchots doivent de même effectuer l'ensemble des étapes de leur reproduction en phase terrestre. La ponte des œufs et le développement de l'embryon pendant l'incubation ne peuvent pas avoir lieu dans l'eau. À l'éclosion, les poussins ne sont pas adaptés à la nage, contrairement, par exemple, aux jeunes canards.

Associées dans l'imaginaire actuel à l'Antarctique et aux climats polaires, beaucoup d'espèces de manchots effectuent cependant leur reproduction sur des terres situées en climat tempéré à méditerranéen : au Chili, en Australie ou en Afrique du Sud.

Côtes du Chili. Plusieurs espèces de manchots se reproduisent dans des climats méditerranéens, au Chili et en Australie. © Céline Le Bohec

Habitat d'une colonie de Manchots pygmées australiens, à Wardang Island dans le sud de l'Australie. © Diane Colombelli-Négrel

Certains nichent dans des terriers en forêt. La répartition des manchots est fortement conditionnée par deux points clés : l'existence de terres émergées et la présence de ressources suffisantes en mer pour nourrir le poussin. Ainsi, c'est la distance entre la terre pour se reproduire et les ressources alimentaires qui explique la répartition des manchots et leurs stratégies écologiques. Si on compile toutes les espèces, une nette majorité des couples — 60 % — se reproduit au nord du 50e degré sud, ce qui inclut une partie de l'Amérique du Sud, de l'Afrique, de l'Australie et des îles subantarctiques. Environ 50 % des couples se concentrent entre le 40e et le 60e degré sud.

Dans le **genre *Aptenodytes*,** on distingue deux espèces, le Manchot empereur et le Manchot royal.

Leurs zones de reproduction sont totalement séparées. Leur zone de contact en mer est le front polaire antarctique dont la position varie entre le 60e et le 48e degré sud. En hiver, une large proportion des adultes de Manchots royaux va se nourrir dans les eaux antarctiques, chevauchant ainsi les zones d'alimentation des Manchots empereurs.

Le **Manchot royal** est répandu sur les îles subantarctiques, entre 45 et 55 degrés de latitude sud. Les plus importantes colonies sont situées dans les archipels Crozet et Kerguelen, et en Géorgie du Sud. Les colonies sont en général situées à moins de 400 km

(À droite) Effectifs reproducteurs et répartition des espèces de manchots.

Espèce	Effectifs estimés	Répartition principale des colonies
Aptenodytes		
Manchot royal *Aptenodytes patagonicus*	1 600 000 couples	Îles subantarctiques
Manchot empereur *Aptenodytes forsteri*	238 000 couples	Continent Antarctique (hors péninsule)
Pygoscelis		
Manchot papou *Pygoscelis papua*	387 000 couples	Îles subantarctiques au sud de l'Atlantique et de l'océan Indien et au nord de la péninsule Antarctique
Manchot Adélie *Pygoscelis adeliae*	2 610 000 couples	Continent Antarctique, péninsule Antarctique, quelques îles subantarctiques
Manchot à jugulaire *Pygoscelis antarcticus*	8 000 000 à 2 500 000 couples	Îles subantarctiques de l'Atlantique et nord de la péninsule Antarctique
Eudyptes		
Gorfou du Fiordland *Eudyptes pachyrhynchus*	3 000 couples	Côtes et îles au sud de la Nouvelle-Zélande
Gorfou des Snares *Eudyptes robustus*	25 000 couples	Îles Snares (Pacifique Sud)
Gorfou huppé *Eudyptes sclateri*	80 000 couples	Îles Bounty et îles Antipodes
Gorfou sauteur *Eudyptes chrysocome*	1 200 000 couples	Îles subantarctiques
Gorfou de Moseley *Eudyptes moseleyi*	350 000 couples	Îles subantarctiques dans l'Atlantique Sud (Tristan da Cunha, Gough…) et l'océan Indien (Saint Paul, Amsterdam)
Gorfou de Schlegel *Eudyptes schlegeli*	500 000 couples	Île Macquarie (Pacifique Sud)
Gorfou doré *Eudyptes chrysolophus*	6 300 000 couples	Îles subantarctiques au sud de l'Atlantique et de l'océan Indien, et Terre de Feu
Gorfou de Chatham *Eudyptes warhami*	Éteint au XVIe siècle	Îles Chatham (Nouvelle-Zélande)
Megadyptes		
Manchot antipode *Megadyptes antipodes*	1 700 couples	Nouvelle-Zélande : îles du Sud, Auckland et Campbell
Manchot de Waitaha *Megadyptes waitaha*	Éteint au XVe siècle	Nouvelle-Zélande
Eudyptula		
Manchot pygmée *Eudyptula minor*	100 000 couples	Nouvelle-Zélande
Manchot pygmée australien *Eudyptula novaehollandiae*	500 000 couples	Australie et péninsule Otago en Nouvelle-Zélande
Spheniscus		
Manchot du Cap *Spheniscus demersus*	4 500 couples	Afrique du Sud
Manchot de Magellan *Spheniscus magellanicus*	1 000 000 couples	Côtes de l'Argentine (Atlantique) et du Chili (Pacifique), îles Malouines
Manchot de Humboldt *Spheniscus humboldti*	30 à 40 000 reproducteurs	Côtes du Chili et du Pérou (Pacifique)
Manchot des Galápagos *Spheniscus mendiculus*	1 500 à 4 700 individus	Îles Galápagos

du front polaire antarctique, qui est une zone clé d'alimentation durant le printemps et l'été pour les adultes et l'élevage du poussin. La plus grande colonie connue comptait dans les années 1980 un nombre estimé à 500 000 couples sur l'île aux Cochons, mais a chuté à 60 000 couples dans les années 2000. Les différentes populations de Manchot royal présentent des différences anatomiques, cependant seules deux sous-espèces sont reconnues : *patagonicus* dans l'Atlantique Sud et *halli* dans le sud de l'océan Indien et du Pacifique.

Le **Manchot empereur** se reproduit uniquement sur les côtes du continent Antarctique, en 46 colonies actuellement connues. En 2009, quatre nouvelles colonies ont été découvertes grâce à l'utilisation d'images satellite en haute résolution dans des secteurs peu accessibles du continent Antarctique. Cette méthode par satellite a aussi permis d'estimer les effectifs de douze autres colonies, qui n'avaient pas pu être dénombrées faute d'expédition terrestre possible. Cette méthode donne un total d'environ 238 000 couples, alors que la précédente estimation se situait autour de 150 000 couples. Les colonies sont localisées entre 77° 7' et 64° 5' de latitude sud. Les plus

Colonie de Manchot royal dans l'archipel Crozet.
© Michel Gauthier-Clerc

Colonie de Manchots empereurs dans la baie de Halley en 2009, vue par satellite. Les taches brunes sont créées par les fientes des manchots sur la banquise. © Peter Fretwell / 2018 DigitalGlobe, a Maxar company

grandes colonies, sur l'île Coulman et Cape Washington dans la mer de Ross, dépassent respectivement 25 000 et 15 000 couples. Les adultes se nourrissent en général dans les eaux comprises dans la zone de la banquise hivernale, c'est-à-dire en deçà du 60e degré sud. Cependant, les juvéniles peuvent aller plus loin au nord, presque jusqu'au 55e degré sud, rejoignant, comme les adultes de Manchot royal le front polaire Antarctique.

Le **genre *Pygoscelis*** comprend trois espèces, restreintes au continent Antarctique et aux îles subantarctiques.

Le **Manchot Adélie** se reproduit principalement sur les côtes rocheuses libérées de la glace du continent Antarctique et plus au nord sur la péninsule Antarctique. Il est également présent, mais en effectifs relativement faibles, sur quelques îles subantarctiques, comme les îles Orcades du Sud et les îles Sandwich du Sud. Le site de reproduction le plus septentrional est sur l'île Bouvet, à 54° 25' sud. En mer, les Manchots Adélie restent principalement à la limite de la banquise pour se nourrir. La zone de reproduction la plus importante se situe sur les bords de la mer de Ross, qui accueille environ 1 million de couples, et sur la péninsule Antarctique avec plus de 700 000 couples. La plus grosse colonie dénombrée comportait plus de 280 000 couples. Malgré sa large répartition, l'espèce présente une remarquable homogénéité génétique, due à sa capacité de changer de zone de reproduction lorsque les conditions sont défavorables, notamment en période de refroidissement climatique. À l'estimation totale de 5 millions d'adultes se reproduisant, il faut ajouter 10 millions d'immatures.

Le **Manchot à jugulaire** est le plus abondant des trois *Pygoscelis* – et, plus généralement, de tous les manchots – avec le Gorfou doré (ou macaroni). Il ne se reproduit pas sur la côte du continent Antarctique, sauf à la pointe nord de la péninsule Antarctique. Ses colonies principales sont dans les îles

Manchot Adélie en Terre Adélie. © Céline Le Bohec

subantarctiques de l'Atlantique Sud. Des estimations faites dans les années 2000 ont donné environ 1,3 million de couples dans les îles Sandwich du Sud et 1 million dans les îles Shetland du Sud.

Le **Manchot papou** a les effectifs les plus faibles des *Pygoscelis*. Il est présent dans les îles subantarctiques au sud des océans Atlantique, Indien et Pacifique. Les plus grosses populations sont cependant centrées dans l'Atlantique, en Géorgie du Sud et sur les îles Malouines, et sur la péninsule Antarctique qui regroupe 75 % des reproducteurs. La totalité de la population est estimée à 387 000 couples, cependant, la plus grosse colonie compte seulement 6 000 couples.

Le **genre *Eudyptes*** est le genre qui comprend le plus d'espèces, dont plusieurs se sont différenciées en raison de leur isolement sur des îles.

Le **Gorfou du Fiordland** est le plus rare des *Eudyptes*, il ne compte que 3 000 couples. L'espèce est limitée à la Nouvelle-Zélande, sur la côte sud-ouest de l'île du Sud et les petites îles du sud comme l'île Stewart, où il s'installe dans des forêts tempérées et pluvieuses pour nicher. La population se répartit en plusieurs dizaines de colonies dont les plus grandes comprennent 100 à 250 couples.

Le **Gorfou des Snares** est endémique des îles Snares, qui sont des îles subantarctiques situées à environ 200 km au sud de la Nouvelle-Zélande. La population est estimée à 25 000 couples, répartis en 130 petites colonies dont la plus grande atteint les 1 300 couples.

Le **Gorfou huppé** est restreint aux îles Bounty et Antipodes, à environ 650 km au sud-est de la Nouvelle-Zélande, sur lesquelles environ 80 000 couples se reproduisent.

Le **Gorfou sauteur** a des effectifs de 1,2 million de couples. C'est le plus commun des gorfous. Il est répandu sur l'ensemble des îles subantarctiques et en Terre de Feu, au sud de l'Amérique du Sud.

Les plus grandes populations sont dans l'archipel Crozet, au sud de l'océan Indien, avec environ 153 000 couples, sur l'île Noire en Terre de Feu avec 158 000 couples, et, dans l'Atlantique Sud, dans les îles Malouines avec 210 000 couples et l'île des États avec 174 000 couples.

L'espèce avait été classée en trois sous-espèces, mais le Gorfou de Moseley, *Eudyptes moseleyi,* a été classé au rang d'espèce en 2006. La sous-espèce *chrysocome* est présente autour de la Terre de Feu et sur les îles Malouines, la sous-espèce *filholi* dans les îles du sud de l'océan Indien et du Pacifique.

Le **Gorfou de Moseley** a été récemment séparé du Gorfou sauteur. Il se reproduit sur des îles subantarctiques dans l'Atlantique Sud et l'océan Indien (Saint Paul, Amsterdam). L'espèce compte environ 350 000 couples dont 90 % se reproduisent dans l'Atlantique, à Tristan da Cunha et sur l'île de Gough.

Le **Gorfou doré,** ou Gorfou macaroni, est le plus abondant des manchots avec le Manchot à jugulaire. Il se reproduit en Terre de Feu, à la pointe de l'Amérique du Sud, et sur les îles subantarctiques de l'Atlantique et de l'océan Indien. Les effectifs sont estimés à 6,3 millions de couples.

Les sites principaux sont dans le sud de l'océan Indien : l'archipel Crozet (2,1 millions de couples), les îles Kerguelen (1,8 million de couples) et l'île Heard (1 million de couples) ; et, dans l'Atlantique, en Géorgie du Sud (1 million de couples).

Gorfou sauteur et colonie de Cormorans impériaux dans l'archipel des îles Malouines.

© Laurent Demongin

Le **Gorfou de Schlegel** est parfois considéré comme une sous-espèce du Gorfou doré. Il n'est présent que sur l'île Macquarie et de petits îlots au sud de celle-ci, où environ 500 000 couples se reproduisent.

Le **Gorfou de Chatham** n'était présent que sur les îles Chatham, à 800 km à l'est de la Nouvelle-Zélande. L'espèce s'est éteinte, probablement au XVIe siècle.

Le **genre *Megadyptes*** n'est plus représenté de nos jours que par le **Manchot antipode**, ou Manchot à œil jaune. Le **Manchot de Waitaha** s'est éteint, probablement au XVe siècle. Il était répandu en Nouvelle-Zélande, sur l'île de Stewart, l'île du Sud et l'île du Nord. Le Manchot antipode, avec 1700 couples estimés, est le plus rare des manchots, avec le Manchot des Galápagos. L'espèce ne se reproduit pas en colonie et les nids sont souvent isolés dans une végétation dense, ce qui rend les comptages de population difficiles.

Le **genre *Eudyptula*** comprend deux espèces très proches et qui n'ont été séparées que très récemment. Le **Manchot pygmée,** *Eudyptula minor,* vit en Nouvelle-Zélande et compte environ 100 000 couples. Le **Manchot pygmée australien,** *Eudyptula novaehollandiae,* niche sur toute la côte sud de l'Australie. Les estimations sont très variables, mais il y aurait 500 000 couples.

Manchot antipode en Nouvelle-Zélande, la seule espèce vivante du genre *Megadyptes*.

Une petite population est présente au sud-est de la Nouvelle-Zélande, autour de la péninsule d'Otago.

Le **genre *Spheniscus*** comprend quatre espèces dont le seul se reproduisant en Afrique, le **Manchot du Cap.** Vingt-huit colonies se

Manchot pygmée australien avec son poussin.

Manchots du Cap sur la plage de Boulders, en Afrique du Sud.

répartissent sur les côtes de Namibie et d'Afrique du Sud, et ne comptent au total que 4 500 couples.

Les trois autres espèces sont localisées en Amérique du Sud.

Le **Manchot des Galápagos** est le plus rare des manchots avec moins de 5 000 oiseaux, et peut-être seulement 1 500. Il atteint les latitudes les plus septentrionales des manchots actuels.

Le **Manchot de Humboldt** se reproduit en climat méditerranéen et désertique sur les côtes du Pacifique. L'espèce compte 30 000 à 40 000 couples répartis en 60 colonies.

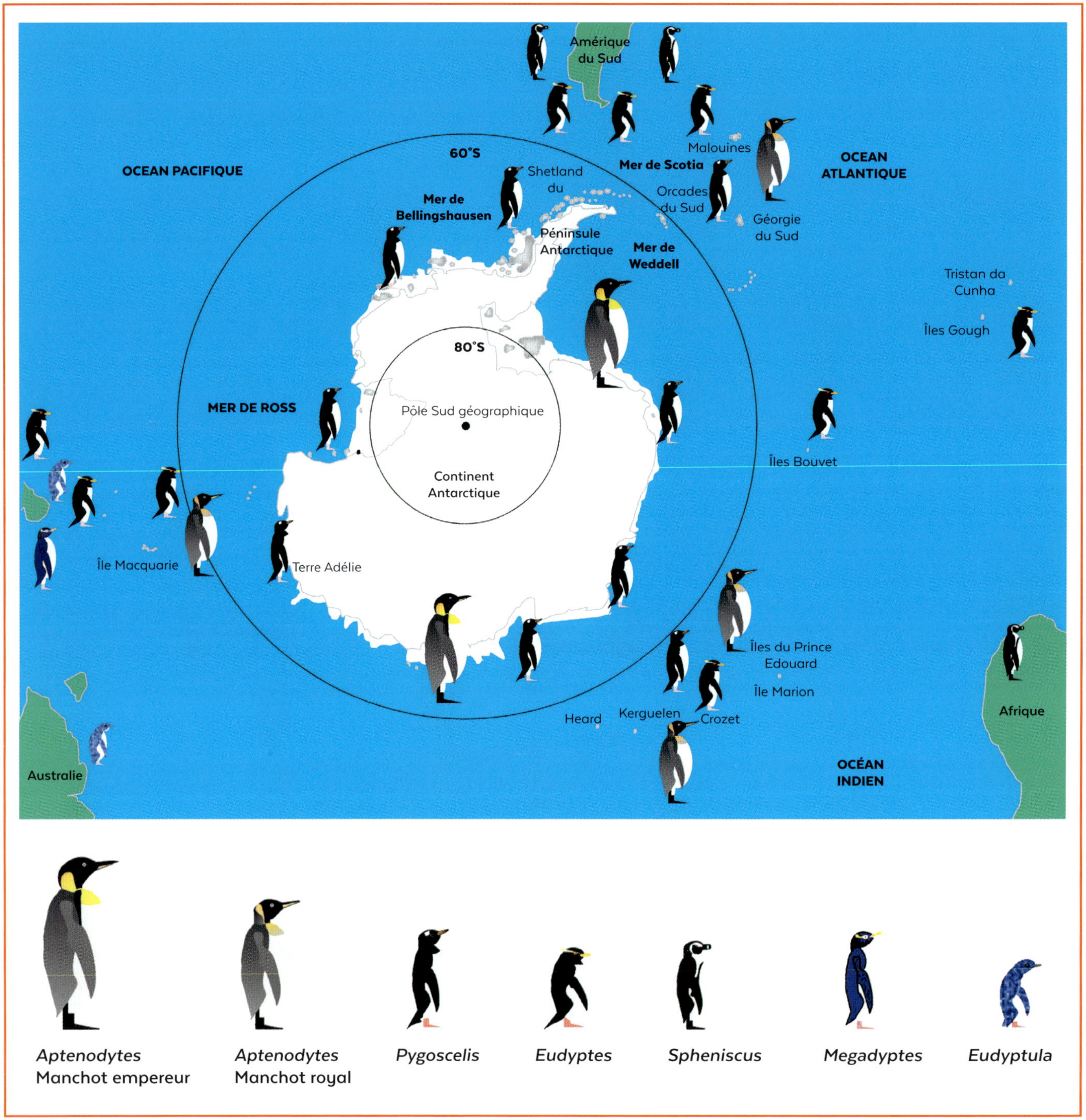

Répartition schématique des genres de manchots sur les différents continents. © Michel Gauthier-Clerc

Manchot de Humboldt au Chili.
© Céline Le Bohec

Manchot Adélie à Atka Bay, à l'est de la mer de Weddell. © Céline Le Bohec

Elles sont localisées sur la côte Pacifique, entre 42° 1' et 5° 1' sud.

Le **Manchot de Magellan** est de loin le plus abondant des *Spheniscus* avec un effectif estimé à 1 million de couples, répartis sur les côtes de l'Atlantique et du Pacifique jusqu'au 40e degré sud.

Évolution des populations durant les derniers millénaires

La reconstitution des effectifs des populations au cours des derniers millénaires et siècles, a permis de mettre en évidence l'impact des changements climatiques, mais également celui de phénomènes tels qu'éruptions volcaniques ou immenses icebergs.

Il y a 10 millions à 1 million d'années, le Manchot empereur et le Manchot Adélie auraient eu des effectifs faibles mais stables, inférieurs à 100 000 individus. C'est seulement depuis 1 million d'années que les deux espèces auraient commencé à connaître leur expansion. Depuis 150 000 ans — ce qui correspond à la fin de l'avant-dernière glaciation et à une phase de réchauffement climatique —, les Manchots Adélie ont augmenté rapidement leurs effectifs, profitant de la fonte de la glace pour se reproduire à terre. Les populations de Manchot Adélie ont ensuite diminué de 40 % il y a 60 000 ans, lors d'une phase froide et sèche, tandis que les populations de Manchot empereur restaient stables. L'explication probable est que ces derniers n'avaient pas besoin d'habitat terrestre pour se reproduire, alors que les Manchots Adélie voyaient leurs zones de reproduction se recouvrir de glace.

Le Manchot empereur a réussi à se maintenir sur le continent Antarctique même au pic des glaciations. © Céline Le Bohec

Les manchots victimes de la dernière glaciation

À l'exception du Manchot empereur et du Manchot Adélie, il est probable que tous les manchots ont dû quitter l'Antarctique durant le dernier maximum glaciaire, il y a environ 25 000 à 19 000 ans. Des études génétiques menées dans l'archipel des îles Crozet ont montré que les populations de Manchot royal avaient connu une très forte diminution, voire même une disparition, il y a environ 20 000 ans. L'explication de cet effondrement démographique lors des glaciations tiendrait à la banquise. La banquise hivernale aurait dépassé au nord les 45 degrés sud, englobant ainsi dans la

L'extension de la banquise a été très variable au cours des derniers millénaires et a changé la répartition des manchots antarctiques et subantarctiques. © Céline Le Bohec

glace des îles subantarctiques telles que les Kerguelen, l'archipel de Crozet, Macquarie ou la Géorgie du Sud. La circulation océanique autour du continent Antarctique aurait ainsi été interrompue, perturbant la productivité primaire de l'océan Austral, c'est-à-dire la production, principalement par le phyto-plancton, de matières organiques. Les îles subantarctiques et l'océan environnant n'auraient plus été disponibles. Faute de sites de reproduction et d'alimentation, les Manchots royaux se seraient réfugiés plus au nord, au Chili, en Nouvelle-Zélande, dans les îles Malouines et Gough. Un réchauffement climatique d'environ 9 °C se produisit entre 19 000 et 11 000 ans. Depuis leurs refuges

Colonie de Manchot royal
dans la baie de St Andrews,
en Géorgie du Sud. © Laurent Demongin

au nord, les Manchots royaux auraient alors de nouveau colonisé les îles subantarctiques et le continent à la faveur de la phase de réchauffement.

Le Manchot empereur a réussi à se maintenir en Antarctique durant le maximum glaciaire. Des analyses génétiques comparant l'ADN des mitochondries de Manchots empereurs actuels à des ADN fossiles ont montré qu'il y avait actuellement trois lignées, ce qui suggère que les Manchots empereurs ont pu survivre et se reproduire pendant cette période englacée dans trois zones refuge. L'un de ces refuges était la mer de Ross, isolé de deux autres situés sur la côte antarctique, entre la terre Adélie et la mer de Weddell. La glaciation a entraîné une chute drastique des effectifs de Manchot empereur en empêchant l'accès à la nourriture : il est estimé que ces effectifs étaient plus de dix fois moins élevés que de nos jours. Ces refuges doivent leur existence à des polynies, qui sont des zones d'eau libre dans la banquise, formées par les vents ou les courants marins. Les polynies présentent une forte productivité primaire et auraient constitué le garde-manger hivernal des manchots. Or, la mer de Ross était très favorable aux polynies durant le maximum glaciaire. Il y a 10 000 ans, le nord de la mer de Ross s'est libéré des glaces et a retrouvé une forte productivité. Entre 12 500 et 9 000 ans avant nos jours, les Manchots empereurs ont profité de ce réchauffement climatique et ont multiplié leurs effectifs.

La mer de Ross a de même été un refuge pour les Manchots Adélie pendant la dernière glaciation, durant laquelle leurs effectifs se sont aussi fortement réduits. Une autre population a également réussi à se maintenir sur la côte antarctique. Les Manchots Adélie actuels de la péninsule Antarctique, de l'arc de la Scotia et de l'Antarctique oriental, viendraient de la population d'un seul refuge glaciaire d'il y a 29 000 ans. La population de l'Antarctique oriental a commencé à augmenter il y a 19 000 à 11 000 ans, période qui correspond à une profonde modification du climat et des paysages. Le réchauffement a provoqué le recul des glaciers et de la calotte glaciaire. La productivité de l'océan Austral aurait doublé, voire quintuplé, et la glace de mer hivernale fondu de moitié. L'été, la mer s'est libérée des glaces. Le recul des glaces a permis l'accès à des côtes rocheuses, recherchées par les Manchots Adélie pour pondre, ainsi qu'à de larges zones océaniques riches en proies. La population de Manchot Adélie a été multipliée par 135 depuis 14 000 ans. Le Manchot empereur a lui aussi profité de ce réchauffement, mais l'impact positif a été plus tardif — il y a environ 10 000 ans — et moins fort — la taille de leur population a été multipliée par 6 environ. Les Manchots Adélie auraient plutôt profité du recul de la calotte glaciaire sur le continent alors que les

Même s'ils se reproduisent en Antarctique, les Manchots empereurs ont profité du réchauffement climatique depuis 10 000 ans. © Céline Le Bohec

Manchots empereurs auraient, eux, bénéficié d'une diminution de l'étendue de la banquise qui était trop importante pour leur permettre de se nourrir. L'époque moderne est donc plus favorable aux Manchots empereur et Adélie que celle de la dernière glaciation.

Icebergs, volcans et tempêtes

Durant les derniers millénaires, les manchots ont continué de subir les changements de climat, mais d'autres phénomènes, comme le volcanisme ou d'immenses icebergs, ont parfois impacté les populations.

Des icebergs de plusieurs dizaines de kilomètres de long ont dans le passé empêché des populations de manchots d'accéder à leurs zones de reproduction. © Céline Le Bohec

L'étude d'os de Manchots Adélie trouvés dans des couches géologiques datant d'il y a 6000 ans, que l'on a comparés à ceux des Manchots Adélie actuels du cap Crozier sur l'île de Ross, a montré qu'entre les deux époques, la diversité génétique était différente. Plusieurs populations de Manchot Adélie se sont mélangées entre les deux époques. Ce mélange aurait été provoqué par des icebergs géants qui, en bloquant l'accès aux colonies de reproduction, auraient obligé les manchots à migrer et à se mélanger à ceux d'autres régions. Cette hypothèse se fonde sur des observations récentes

Manchot papou sur son nid au milieu des touffes de tussock. © Laurent Demongin

La glace de mer au large des côtes de terre Adélie. © Céline Le Bohec

d'icebergs géants, dont l'un de 180 km, qui ont forcé les manchots à modifier leurs routes de migration.

L'île Ardley, dans les Shetlands du Sud, au nord de la péninsule Antarctique, s'est libérée des glaces il y a 8 500 ans. Le premier indice de la présence d'une colonie de Manchots papous y date d'il y a 6 700 ans. Les effectifs ont atteint leur maximum il y a 4 000 à 3 000 ans, lorsque les températures s'étaient encore élevées. L'activité volcanique d'une île proche a eu sur cette espèce des effets dévastateurs. À trois reprises, les phases de croissance de la population ont été interrompues par des éruptions volcaniques importantes qui ont conduit à la quasi-disparition de la colonie. Le rétablissement des effectifs a demandé à chaque fois entre 400 et 1 100 ans.

Pour identifier la présence de manchots sur un secteur dans le passé, on peut utiliser la méthode de l'analyse des sols, qui conservent les traces de tous les déchets décomposés que peut laisser une colonie : guano, plumes, cadavres. Ce mode d'investigation a permis de découvrir que les colonies de Manchots Adélie de la mer de Ross ont connu une augmentation entre 4 000 et 2 000 ans. Il y a 2 000 ans, un refroidissement a entraîné une extension de la banquise qui a bloqué l'accès à la côte de Scott, empêchant définitivement la reproduction du Manchot Adélie dans le sud de la mer de Ross. Ils purent revenir s'y reproduire entre 900 et 1400 après J.-C., pour de nouveau décliner dans les années 1400 à 1850 après J.-C. On a également constaté que les colonies s'étaient déplacées sur des hauteurs plus éloignées de la limite côtière.

Colonie de Manchot Adélie. Ils s'installent dans des sites caillouteux découverts de glace, parfois en haut de pente à l'abri des tempêtes.
© David Grémillet

Ce déclin et ce déplacement des colonies correspondraient à des tempêtes fréquentes balayant la côte et au refroidissement qui, durant le Petit Âge glaciaire, a affecté le climat mondial.

L'humain, une nouvelle pression durant les derniers siècles

Si les îles polynésiennes ont été colonisées il y a 3 500 ans, la Nouvelle-Zélande n'a été découverte et colonisée par le peuple maori que récemment, entre 1050 et 1350 après J.-C. Cette colonisation humaine a entraîné une perte très importante de biodiversité, la plus marquée étant sur l'île du Nord avec l'extinction de nombreuses espèces terrestres, en particulier celles incapables de voler comme les moas, qui mesuraient plus de 2,5 mètres. Les Maoris ne se reportèrent sur les poissons que lorsque les espèces chassées à terre, tels les manchots et les otaries, furent en effectifs trop maigres après deux siècles d'exploitation.

Les données fossiles suggèrent que les manchots des genres *Megadyptes* et *Eudyptes* (les gorfous) étaient nettement plus répandus avant l'arrivée des humains en Nouvelle-Zélande qu'ils ne le sont actuellement. Le Manchot de Waitaha, *Megadyptes waitaha,* dont les restes fossiles n'ont été découverts qu'en 2008, s'est éteint à la fin du XVe siècle, très probablement victime de la chasse. Il se reproduisait sur l'île de Stewart, l'île du Sud et l'île du Nord, où il semble avoir été commun. La seule autre espèce du genre *Megadyptes* de Nouvelle-Zélande, le Manchot à œil jaune, *Megadyptes antipodes,* avait été aussi exterminée, mais a pu recoloniser l'île à partir des populations des îles subantarctiques restées à l'abri des humains. D'autres vertébrés, comme les otaries, ont connu en Nouvelle-Zélande des phases de déclin ou d'extinction, puis, après leur exploitation par les humains, de recolonisation, mais ont parfois été remplacées par d'autres espèces.

Dans les îles Chatham, à 800 kilomètres à l'est de la Nouvelle-Zélande, deux espèces de manchots se sont éteintes récemment : le Gorfou de Chatham, *Eudyptes warhami,* et une sous-espèce du Manchot à œil jaune, *Megadyptes antipodes richdalei,* beaucoup plus petite en taille que les autres populations. La colonisation des îles Chatham par les Maoris a eu lieu autour des années 1500. L'extinction de ces manchots a probablement été rapide par la suite.

Les manchots du genre *Eudyptula* ont été divisés en deux espèces : le Manchot pygmée, *Eudyptula minor,* en Nouvelle-Zélande, et le Manchot pygmée australien, *Eudyptula novaehollandiae* en Australie. Cependant, ce dernier a également été découvert dans une petite zone au sud-est de la Nouvelle-Zélande, autour de la péninsule d'Otago. Des individus y seraient arrivés récemment, entre 1500 et 1900 après J.-C. Le Manchot pygmée local était l'un des vertébrés côtiers les plus nombreux, mais il a décliné en deux à trois cents ans après l'arrivée des humains. Le Manchot pygmée australien aurait ainsi rapidement colonisé la niche disponible, que le Manchot pygmée local n'a ensuite jamais pu reprendre.

Le XIXe siècle et l'exploitation intensive

Les zones antarctiques et subantarctiques ont été découvertes beaucoup plus tardivement, principalement lors des grandes explorations des XVIIIe et XIXe siècles, menées pour la conquête de nouvelles terres ainsi que pour l'exploitation baleinière. Les éclairages urbains américains et européens étaient en effet très consommateurs de l'huile que fournissaient les baleines mais aussi les phoques, les otaries et les manchots.

L'île Macquarie, située entre la Nouvelle-Zélande et l'Antarctique, a été découverte en 1810. À l'époque, il y existait deux très grandes colonies de Manchots royaux. Tour à tour, otaries, éléphants de mer, Manchots royaux puis Gorfous de Schlegel furent exterminés pour l'huile. En 1894, il ne restait plus que 3400 Manchots royaux en une seule colonie. Protégés dès 1933, les manchots se reconstituèrent et connurent une croissance très forte, jusqu'à dépasser plusieurs centaines de milliers d'individus dans les années 2000. Plusieurs nouvelles colonies se sont créées et, en quatre-vingts ans, les populations de manchots ont retrouvé leur diversité génétique initiale.

Au début du XVIIIe siècle, le Gorfou de Moseley se comptait en millions d'oiseaux sur ses sites principaux, l'île de Gough et l'archipel de Tristan da Cunha. De nos jours, les effectifs sont d'environ 350000 couples. Ils furent exploités pour de multiples usages : l'huile extraite de la graisse des oiseaux en mue ; les œufs qui étaient consommés, les plumes dont on rembourrait oreillers et matelas ; les aigrettes jaunes de leur tête qu'on utilisait comme décoration ; les adultes qui servaient d'appât pour la pêche à la langouste.

Le Manchot des Galápagos a connu dès le XVIIIe siècle l'arrivée des chasseurs de baleines et d'otaries, qui ont également introduit les rats. L'annexion de l'archipel par l'Équateur en 1832 marqua le début de la colonisation humaine avec l'introduction des cochons, chats, chiens, tous prédateurs des manchots, et des chèvres qui modifièrent leurs habitats d'origine. En Afrique du Sud, les Manchots du Cap furent également chassés pour leur viande et pour l'huile utilisée à l'éclairage ou comme carburant dans les chaudières des bateaux.

Le Manchot du Cap était exploité pour sa viande, son huile extraite de la graisse et ses œufs.
© Céline Le Bohec

Les espèces vivant sur les continents habités furent particulièrement exposées à la collecte massive des œufs. Près de 50 % des œufs de Manchots du Cap étaient prélevés à la fin du XIXe siècle. Selon certaines estimations, plus de 800000 œufs furent collectés en 1899, 750000 en 1905. Malgré une chute importante des effectifs de l'espèce, des autorisations étaient encore données jusqu'en 1967. Au Chili, le Manchot de Magellan était souvent tué afin de servir d'appât pour la pêche ou de nourriture.

Les XXe et XXIe siècles

Le XXe siècle a été très contrasté pour les manchots : arrêt de leur exploitation et augmentation de l'exploitation des baleines, et début des changements climatiques avec leurs impacts sur les courants océaniques et l'étendue de la banquise. Comme pour beaucoup d'autres espèces de vertébrés, le

Manchots de Magellan dans l'archipel des îles Malouines. © Laurent Demongin

XIXe siècle et le début du XXe siècle avaient été les pires périodes en raison de l'augmentation de la pénétration humaine et d'une chasse effrénée ; à titre d'exemple, en France, la démocratisation de la chasse avait amené à un grand massacre et le XXe siècle s'ouvrait sur des effectifs de grands vertébrés au plus bas : cerfs, chevreuils, chamois, castors, loutres étaient devenus rares, et certaines espèces comme le lynx avaient disparu. Une fois la chasse des manchots interdite ou réglementée, les populations purent se reconstituer. Cela fut le cas du Manchot royal dans la seconde partie du XXe siècle, qui connut des accroissements d'effectifs très importants et même le repeuplement de certaines colonies désertées. Toutefois, depuis la fin du XXe siècle, les inquiétudes sont grandes pour les populations de Manchot royal en raison des effets du réchauffement des courants océaniques. Il a été découvert récemment que la plus grande colonie de Manchot royal au monde, celle de l'île aux Cochons dans l'archipel Crozet, avait chuté de 90 % pour cette raison.

Gorfou sauteur sur son nid dans les îles Malouines, où les effectifs ont très fortement chuté depuis les années 1970. © Laurent Demongin

En Antarctique, si les Manchots empereurs sont restés stables, les populations de Manchots Adélie ont connu des variations très diverses selon les sites et les périodes. Les colonies de l'ouest de la péninsule Antarctique et de l'arc de la Scotia ont diminué. Elles auraient subi l'effet de l'augmentation des vents d'ouest depuis les années 1970, qui ont amené de l'air chaud et humide dans les mers de Bellingshausen et d'Amundsen, à l'ouest de la péninsule. Dans le même temps, nombre d'autres colonies ont augmenté. Selon les sites, l'effet des changements climatiques a été différent sur deux paramètres qui impactent les Manchots Adélie : l'extension de la banquise et les stocks de proies.

L'hypothèse reste encore sujet à débat, mais il semble que par ailleurs la chasse intensive des baleines et otaries au XXe siècle ait été favorable aux manchots du genre *Pygoscelis,* Manchots à jugulaire, Adélie et papou. Cette chasse aurait en effet libéré plus de 150 millions de tonnes de krill, mais également des poissons qui n'étaient plus consommés par les baleines et otaries. Cela pourrait s'appliquer au moins au Manchot à

Grand Cachalot dans l'océan Indien. La chasse intensive des baleines, phoques et otaries a profondémment changé les réseaux alimentaires océaniques. © Gilles Cauvin

jugulaire, qui a fortement augmenté ses effectifs jusqu'aux années 1970. Cependant, plus récemment, dans les années 2000, certaines colonies de cette espèce ont diminué de 50 à 75 % sous l'effet des changements du climat sur sa proie principale, le krill.

Les populations de Manchot papou ont augmenté depuis les années 1990, surtout dans la péninsule Antarctique, le sud de son aire de répartition. Le Manchot papou aurait lui aussi profité du réchauffement du climat, qui a étendu les eaux libres de banquise. L'espèce étant très flexible à la fois dans sa capacité de coloniser de nouveaux sites et dans son régime alimentaire, elle pourrait avoir rapidement profité de ce changement d'habitat.

Concernant les manchots du genre *Eudyptes*, les effectifs sont en général à la baisse. Le Gorfou sauteur a décliné de plus de 30 % depuis les années 1970. La diminution la plus marquée a eu lieu dans les îles Malouines où les effectifs ont chuté de 1,5 million de couples à 300 000 dans les années 1990. Le déclin s'est encore poursuivi dans les années 2000. Cette chute pourrait être due aux phénomènes océaniques plus fréquents d'El Niño, caractérisés par des eaux de surface plus chaudes perturbant la disponibilité de sa proie principale, le krill. L'espèce proche, le Gorfou de Moseley, a elle aussi fortement chuté, perdant 95 % de ses effectifs en un siècle à Tristan da Cunha et en quarante-cinq ans à l'île de Gough. Les Gorfous doré et de Schlegel ont également décliné.

En Amérique du Sud, les manchots du genre *Spheniscus* sont assez exposés aux phénomènes d'El Niño. Le Manchot de Humboldt a décliné tout au long du XXe siècle et a subi dès 1982 des impacts très importants sur sa reproduction. Le Manchot des Galápagos a, de plus, pâti des prédateurs introduits par les humains. Le Manchot de Humboldt a également subi la concurrence de la pêche aux anchois pratiquée par le Pérou, ce poisson étant l'une de ses proies principales. Seul le Manchot de Magellan a une tendance à l'expansion, de la Patagonie vers le nord de la côte atlantique. En Afrique du Sud, le Manchot du Cap est l'espèce qui a connu le plus fort déclin durant la seconde partie du XXe siècle. De 49 000 couples en 1957, la population a chuté à 12 000 couples en 1979 et seulement 4 500 en 2010. Les raisons en sont la surpêche de leurs proies, mais également des marées noires qui ont décimé leurs populations.

LE CYCLE
REPRODUCTEUR

Les manchots sont des animaux aquatiques. Ils passent la majorité de leur vie en mer — jusqu'à 80 % pour certaines espèces. Ils sont néanmoins obligés de venir à terre pour la reproduction et pour la mue qui leur permet de changer de plumage.

Toutes les espèces de manchots présentent des points communs dans leur cycle reproducteur. Celui-ci commence par une période de parade entre les deux partenaires pour former le couple, fidèle ou non à celui de l'année précédente, avant la copulation. La femelle pond. L'un des deux conjoints prend le ou les œuf(s) et le(s) couve pendant que l'autre retourne en mer pour se nourrir. Le premier revient ensuite au nid prendre le relais de l'incubation pendant que le second part à son tour chercher de la nourriture en mer. À l'éclosion, le poussin est totalement dépendant de ses parents. Ces derniers doivent le protéger, car il ne peut pas assurer sa thermorégulation ni se défendre des prédateurs. En comparaison, un caneton est immédiatement capable de se déplacer pour suivre sa mère et d'aller dans l'eau pour se nourrir. Les deux parents continuent à se

Couple de Gorfou sauteur avec leur œuf.
Ils se relaient pour le couver.
© Michel Gauthier-Clerc

Manchot royal incubant son œuf, posé sur ses pattes
et recouvert par un pli de peau.
© Michel Gauthier-Clerc

relayer, l'un gardant le poussin pendant que l'autre part à la fois se nourrir et chercher de la nourriture qu'il rapporte à sa progéniture. Ces relais relativement longs, durant l'incubation, puis durant la protection du poussin, vont de pair avec la capacité qu'ont tous les manchots de jeûner. Le poussin va peu à peu acquérir un duvet empêchant une trop grande perte de chaleur, ce qui le dispensera de la protection thermique de ses parents. Mais ce plumage ne lui permet toujours pas de nager. Pour continuer d'assurer la croissance du poussin, les parents partent ensuite tous les deux en mer chercher de la nourriture. Le poussin est alors très exposé aux prédateurs, même s'il est devenu capable de courir ou de se cacher. Enfin, au terme de la période d'élevage, le poussin perd son duvet et acquiert le plumage qui lui permettra de nager. Ce plumage en place, le jeune manchot partira en mer où il passera la majorité de sa vie. Avant de recommencer une nouvelle reproduction à la saison suivante, les adultes changeront eux aussi leur plumage, usé par les milliers de kilomètres parcourus dans l'eau.

On pourrait aussi placer le démarrage de la reproduction dès la mue. Le déclenchement du cycle reproducteur chez les manchots est principalement dicté par les ressources

Poussin de Manchot empereur gardé par un adulte sur la banquise.
© Céline Le Bohec

Gorfou sauteur protégeant son jeune poussin.
© Michel Gauthier-Clerc

Poussin de Manchot royal durant l'hiver.
© Michel Gauthier-Clerc

qu'ils trouvent en mer. Or, le changement de plumage est déjà une phase très exigeante en ressources physiques : en graisse, pour arriver à jeûner à terre le temps que les plumes se renouvellent, et en protéines pour élaborer ces nouvelles plumes. Les ressources marines des manchots sont cependant très variables de mois en mois, d'année en année, à la fois dans leur localisation et dans leur abondance. Le démarrage d'un cycle reproducteur, pour les manchots, reste un pari.

Dans l'idéal, l'élevage du poussin — phase la plus exigeante en proies et qui détermine en grande partie sa future survie — doit coïncider avec la période de plus grande abondance

Variabilité de la durée et de la saison du cycle reproducteur. Le Manchot empereur pond durant l'hiver pendant que le Manchot Adélie est en migration hivernale. Le cycle du Manchot royal est de plus de 13 mois, celui du Manchot pygmée de moins de 4 mois.

	MANCHOT EMPEREUR	MANCHOT ROYAL	MANCHOT ADÉLIE	MANCHOT PYGMÉE

Octobre	*Élevage du poussin*	*Mue des adultes Parade*	*Parade Incubation*	*Élevage du poussin*
Novembre	*Élevage du poussin*	*Parade Incubation*	*Incubation Élevage du poussin*	*Élevage du poussin*
Décembre	*Élevage du poussin Départ en mer du poussin*	*Incubation*	*Élevage du poussin*	*Élevage du poussin*
Janvier	*Départ en mer du poussin Mue des adultes*	*Incubation Élevage du poussin*	*Élevage du poussin Départ en mer du poussin*	*Élevage du poussin Départ en mer du poussin*
Février	*Mue des adultes*	*Incubation Élevage du poussin*	*Départ en mer du poussin Mue des adultes*	*Départ en mer du poussin Mue des adultes*
Mars	*En mer Parade*	*Élevage du poussin*	*Mue des adultes*	*Mue des adultes*
Avril	*Parade*	*Élevage du poussin*	*Migration en mer*	*Mue des adultes En mer ou colonie*
Mai	*Incubation*	*Élevage du poussin Rares visites des adultes*	*Migration en mer*	*En mer ou colonie*
Juin	*Incubation*	*Élevage du poussin Rares visites des adultes*	*Migration en mer*	*En mer ou colonie Parade*
Juillet	*Incubation*	*Élevage du poussin Rares visites des adultes*	*Migration en mer*	*Incubation*
Août	*Élevage du poussin*	*Élevage du poussin Rares visites des adultes*	*Migration en mer*	*Incubation Élevage du poussin*
Septembre	*Élevage du poussin*	*Élevage du poussin*	*Migration en mer Parade*	*Élevage du poussin*
Octobre	*Élevage du poussin*	*Élevage du poussin*	*Parade Incubation*	*Élevage du poussin*
Novembre	*Élevage du poussin*	*Élevage du poussin Départ en mer du poussin*	*Incubation Élevage du poussin*	*Élevage du poussin*
Décembre	*Élevage du poussin Départ en mer du poussin*	*Départ en mer du poussin Mue des adultes*	*Élevage du poussin*	*Élevage du poussin*

alimentaire. Cependant, entre le moment où l'adulte mue, puis forme un couple, et le pic de l'élevage, c'est-à-dire le moment où le poussin doit recevoir le plus de nourriture, il se passe au moins deux mois durant lesquels les conditions océaniques peuvent totalement changer et devenir défavorables.

La durée du cycle reproducteur est très variable selon les espèces. Sans compter la durée de la mue, la période allant du début des parades du couple au départ en mer du poussin varie de trois mois et demi chez le Manchot pygmée à treize mois et demi chez le Manchot royal. L'autre *Aptenodytes,* le Manchot empereur, a lui aussi un cycle long d'un peu plus de neuf mois. Il existe un autre cas particulier, le Manchot antipode, dont le cycle est d'environ cinq mois et demi. Pour toutes les autres espèces, *Eudyptes, Spheniscus* et *Pygoscelis,* le cycle prend environ quatre mois à quatre mois et demi.

La colonialité

Toutes les espèces de manchots nichent en colonie, à l'exception du Manchot antipode dont les couples s'installent isolément le long de la côte. Les manchots coloniaux se regroupent pour pondre et élever leurs poussins. Ces regroupements vont de quelques individus seulement jusqu'à plusieurs centaines de milliers. Il existe toute une littérature scientifique qui traite des hypothèses expliquant que la colonialité ait été sélectionnée par l'évolution. Parmi les avantages décrits : une meilleure défense contre les prédateurs ; un lieu de rencontre de partenaires sexuels ; un lieu d'échange d'informations sur les sites d'alimentation ; la formation de crèches pour les poussins leur permettant de se défendre et de se protéger du froid. Dans le cas particulier du Manchot empereur, le regroupement serré des adultes couvant les œufs, dit de la « tortue », permet de limiter les pertes de calories lors des épisodes antarctiques les plus rigoureux : la densité atteint les dix adultes par mètre carré.

Le regroupement en colonie présente cependant des inconvénients. Comme les lieux de rencontres humains, école ou lieu de travail, la colonie de manchots est aussi un lieu d'échange de virus, bactéries ou parasites divers.

La promiscuité et la compétition pour les places de reproduction sont également à l'origine de coups de bec ou d'ailerons responsables de fréquentes blessures, souvent bénignes mais parfois très graves, par exemple à l'œil. La colonie est en quelque sorte un lieu de mélange entre deux « forces » en action : une attractivité centripète qui pousse les individus à se rapprocher les uns des autres ; une agressivité centrifuge permanente qui maintient chaque individu à distance de ses voisins. Ce phénomène est particulièrement bien illustré dans les colonies de Manchots royaux. La densité y est très forte, environ deux adultes couvant leur œuf par mètre carré. Comme ils incubent

Les Manchots royaux font face avec leur bec pour se défendre du Pétrel géant, un prédateur. © Michel Gauthier-Clerc

leur œuf sur leurs pattes, ils sont mobiles et n'ont pas un emplacement défini ; ils ajustent leur place en permanence en fonction de leurs voisins. Chaque adulte maintient une bulle de sécurité à l'aide de coups de bec et d'ailerons très fréquents. Des interactions agressives ont lieu plusieurs fois par minute, et cela pendant des semaines. Chez cette espèce, la distance entre deux adultes est approximativement la longueur de deux ailerons mis bout à bout, évitant aux oiseaux de se toucher. Au fur et à mesure des échecs de certains couples qui ont perdu leur œuf ou leur poussin, ou n'ont pas réussi à supporter les jeûnes prolongés, des places libres se forment au sein de la colonie. Les adultes se rapprochent les uns des autres pour combler ces trous et la surface occupée par la colonie se rétrécit ainsi au fil des semaines. L'agressivité existe aussi entre poussins lorsqu'ils sont regroupés en crèche au sein de la colonie tandis que leurs parents sont tous les deux partis en mer.

Manchots royaux couvant leur œuf, sans nid et sans territoire fixe. Ils se regroupent en colonie dense mais maintiennent une certaine distance entre eux à coups de bec et d'ailerons. © Michel Gauthier-Clerc

Le système de la crèche leur permet néanmoins de mieux se protéger en groupe contre les prédateurs.

Les manchots sont très fidèles à leur colonie, et même à leur emplacement de reproduction au sein de la colonie d'une année à l'autre, fidélité qui varie néanmoins selon les espèces et les colonies. À titre d'exemple, des études ont montré que, au sein d'une colonie, plus de 75 % des Manchots pygmées, des Gorfous du Fiordland et des Gorfous dorés étaient fidèles à leur nid de l'année précédente. Cette fidélité peut parfois dépasser 90 % chez les Manchots à jugulaire et papou.

Situation des colonies de reproduction

Il n'y a pas de règles communes dans le choix des sites de reproduction, hormis qu'ils sont situés sur le littoral. Quelques espèces sont endémiques à de petites îles :

Crèche de Gorfous sauteur et doré sur l'île de la Possession dans l'archipel Crozet. © Michel Gauthier-Clerc

le Manchot des Galápagos et le Gorfou des Snares aux îles du même nom, le Gorfou de Schlegel à l'île Macquarie et le Gorfou huppé aux îles Bounty et Antipodes.

Les habitats et la structuration des colonies sont très divers. Le Manchot des Galápagos niche dans des crevasses de roches volcaniques, le Manchot du Cap dans des terriers creusés dans le sable ou le guano, le Manchot de Magellan sous des buissons ou dans des terriers, le Manchot de Humboldt dans des terriers sur les plages ou des crevasses de falaise, le Manchot papou dans les touffes de tussock au nord de son aire de répartition, sur des plages de gravier ou dans des secteurs de moraines au sud.

Le Manchot empereur a la particularité, avec le Manchot royal, de ne pas avoir de nid ni de territoire individuel fixe : celui-ci varie au gré de leurs déplacements, leur œuf posé sur leurs pattes. Si le Manchot royal s'installe dans des baies sableuses ou sur des

Colonie de Manchot empereur
sur la banquise antarctique. © Céline Le Bohec

Colonie de Manchot papou durant l'incubation sur New Island, dans l'archipel des Malouines. © Laurent Demongin

pentes douces, le Manchot empereur, lui, élit domicile sur l'eau de mer gelée, la banquise, à proximité de la côte.

En Nouvelle-Zélande, les couples de Manchot antipode ne se regroupent pas en colonies mais nichent isolément à l'intérieur des forêts côtières froides de la côte. De nos jours, ils utilisent également les pâtures où ils cachent leur nid dans la végétation dense. Les Gorfous des Snares s'installent sous le couvert des forêts d'Olearia ainsi que dans des crevasses sur la côte rocheuse. Leurs colonies regroupent de quelques couples à plus d'un millier. Les Gorfous du Fiordland

Couple de Manchot de Magellan dans son terrier. © Laurent Demongin

Le Manchot royal n'a pas de nid ni de territoire fixe. Il se déplace avec son œuf posé sur les pattes. © Michel Gauthier-Clerc

font leur nid dans des creux à la base des racines d'arbres ou dans des crevasses de rochers. Leurs colonies sont peu délimitées et très lâches. Les nids s'étalent le long de la côte à plusieurs mètres les uns des autres. Dans les îles subantarctiques, les gorfous nichent sur des pentes ou collines rocailleuses parsemées de végétation. Le Manchot pygmée niche principalement sur des îles au large et plus rarement sur la côte du continent. Il utilise des terriers dans le sable ou dans des talus à la base de falaises inaccessibles. La principale menace est alors la prédation. La majorité des colonies de Manchot du Cap — 21 sur 24 — se trouve aussi sur des îles à proximité des côtes de l'Afrique du Sud. Parmi les *Pygoscelis,* les colonies de Manchot Adélie sont situées dans des zones rocheuses libres de glace et de neige. Ce dernier point est une contrainte forte en Antarctique. Dans certains secteurs, l'espèce profite ainsi du réchauffement climatique qui libère des zones côtières de la glace. Les Manchots Adélie consacrent beaucoup d'énergie à amasser et défendre les cailloux dont ils composent leur nid, source de vifs conflits lors de tentatives de vol par un autre couple. Les cailloux sont aussi utilisés par les mâles comme objets de séduction à l'égard des femelles.

Arrivée à la colonie

De nombreuses espèces animales ont un cycle reproducteur faisant coïncider l'élevage des jeunes avec la période la plus riche en ressources alimentaires. Les manchots utilisent également cette stratégie, mais parfois avec certaines difficultés. Les disponibilités alimentaires sont en effet souvent très variables et imprédictibles.

Dans le cas du Manchot royal, il s'agit chaque année d'un pari lancé lors de la ponte

Au printemps, les Manchots royaux retournent à leur colonie. © Michel Gauthier-Clerc

Groupe de Gorfous dorés. Les ressources alimentaires en mer conditionnent le retour des individus pour se reproduire, qui s'y synchronisent. © Michel Gauthier-Clerc

durant l'été austral : le cycle de reproduction de cette espèce est très long et le poussin devra traverser une période de disette durant plusieurs mois d'hiver. Lors de son éclosion, en janvier-février, les ressources sont effectivement très abondantes. L'incertitude porte sur le moment où ces ressources vont drastiquement devenir moins accessibles, et où les adultes vont devoir nager et laisser les poussins jeûner de plus en plus longtemps. L'enjeu est que le poussin ait été assez nourri et ait accumulé avant l'hiver une réserve de graisse suffisante pour tenir jusqu'au printemps austral suivant, en septembre. En avril, les poussins pèsent en moyenne 6 à 7 kg. Au mois d'août, ils sont au minimum de leur masse. Durant les longs mois d'hiver, les adultes vont privilégier leur propre survie et ne viendront à terre avec de la nourriture pour le poussin que s'ils ont une marge. Si certains poussins pèsent encore plus de 6 kg, certains n'en font alors plus que 4.

Chant d'un Manchot de Magellan pour former un couple. © Laurent Demongin

Ceux qui ont survécu sont de nouveau intensément nourris par leurs parents à partir de septembre et finissent leur croissance à plus de 9 kg en octobre-novembre.

Avant de se lancer dans de longues périodes sans manger durant l'incubation de l'œuf, les adultes doivent au préalable consommer beaucoup de proies pour muer leur plumage. Le déclenchement du cycle reproducteur des manchots est donc directement lié aux ressources alimentaires immédiatement disponibles. Cela a pour conséquences que l'arrivée à terre de la population d'une même colonie et les pontes sont très synchronisées. En revanche, dans d'autres colonies, sur une autre île ou un autre continent, le calendrier peut être différent, les manchots entamant leur reproduction selon les ressources océaniques locales.

La synchronisation de la formation des couples au sein d'une colonie est plus marquée chez les espèces antarctiques en raison de la périodicité plus nette des phases de banquise, qui empêche les manchots de se reproduire à certaines époques (à l'exception du Manchot empereur), et des pics de nourriture. Dans les zones plus tempérées et tropicales, l'habitat terrestre est disponible en permanence et la contrainte provient uniquement des ressources alimentaires en mer.

Le genre *Spheniscus* a les périodes de reproduction les plus flexibles de tous les manchots et peut réagir à un pic de productivité en mer. Les Manchots des Galápagos ne présentent pas de saison de reproduction très nette, ils peuvent la démarrer à n'importe quel moment en fonction des ressources alimentaires disponibles. Plus de 50 % des adultes se reproduisent même deux fois dans l'année. Ils peuvent aussi ne pas se reproduire du tout lors des épisodes d'El Niño. La reproduction a lieu quand la température de l'eau est comprise entre 15 et 25 °C, pas au-delà. Ainsi, la majorité des individus se reproduit tout de même durant la saison

Manchot Adélie incubant son œuf dans son nid composé de cailloux. © David Grémillet

froide et sèche, entre mai et décembre. De même, les Manchots de Humboldt sont capables de se reproduire toute l'année si les ressources sont suffisantes, mais présentent deux périodes préférentielles, en avril-mai et août-septembre. Même si le cycle reproducteur – entre la parade et l'émancipation des poussins – des Manchots des Galápagos, de Humboldt et de Magellan est inférieur à quatre mois, ils restent très exposés à un effondrement rapide des ressources alimentaires en cas d'apparition d'un épisode d'El Niño. Les Manchots du Cap peuvent aussi potentiellement se reproduire toute l'année, cependant il existe des pics de ponte différents entre la Namibie et l'Afrique du Sud. En Namibie, les pontes ont lieu surtout en octobre et novembre, ainsi qu'en juin et juillet.

En zone antarctique, la ponte des Manchots Adélie est très liée à l'abondance de krill, et donc des réserves de graisse et de protéines des adultes en début de cycle ; 50 % des pontes d'une colonie peuvent ainsi avoir

Adultes de Manchot empereur rejoignant leur colonie en mai, au début de l'hiver. Ils peuvent marcher ou glisser sur le ventre sur la banquise. © Céline Le Bohec

lieu en une semaine. L'arrivée à la colonie pour se reproduire dépend aussi de l'expérience des individus. Ainsi, les jeunes femelles de Manchot Adélie pondent plus tard que les femelles plus âgées, ce qui diminue leur probabilité de réussir à élever un poussin jusqu'à son terme.

Les Manchots empereurs font exception à ce schéma. Ils viennent se reproduire quand l'ensemble des autres espèces d'oiseaux ont fini leur cycle. À Pointe-Géologie, en terre Adélie, les adultes reviennent à la colonie au début du mois de mai. Des centaines d'entre eux arrivent simultanément, en colonne, marchant ou glissant sur le ventre sur la glace. Ils préparent leur reproduction lorsque les jours sont les plus courts et les plus froids, alors que l'autre *Aptenodytes*, le Manchot royal, démarre la reproduction sur le printemps et l'été. À l'inverse des autres espèces, chez les Manchots empereurs le développement des gonades et l'activité des hormones sexuelles sont à leur maximum à l'entrée de l'hiver. L'adulte se

Pendant plus d'une semaine, le couple de Manchot royal parade ou reste immobile face à face, le temps de la formation et de la ponte de l'œuf. © Michel Gauthier-Clerc

nourrit et fait ses réserves durant la période de haute productivité, en été, pour se reproduire durant la période hivernale. Les dates d'arrivée à la colonie sont liées à l'extension de la banquise, c'est-à-dire à la distance à parcourir de la mer libre à leur site de reproduction — soit, en terre Adélie, environ 100 km ; en mer de Weddell, cette distance peut atteindre les 400 km.

La parade

La formation du couple nécessite un temps de parade entre les deux conjoints, même s'ils se connaissent. La parade comprend des chants, tête tendue et ailerons écartés, et de lents mouvements du cou. Lorsqu'ils se déplacent, les individus de certaines espèces effectuent des dandinements prononcés qui font partie de la parade. Les deux partenaires

La parade des Manchots royaux comprend des chants qui leur permettent aussi de se reconnaître.
© Michel Gauthier-Clerc

restent également de longs moments immobiles face à face, en général lorsque le couple est formé. Le temps passé en parade et en attente de la ponte est de moins d'une semaine chez le Manchot du Cap alors qu'il atteint six semaines chez le Manchot empereur. Pour la majorité des espèces, cette période à terre avant la ponte est de dix à quinze jours.

Toutes les espèces sont monogames, même s'il existe quelques cas ponctuels et temporaires de trois partenaires impliqués dans l'incubation, par exemple chez le Manchot royal. La stratégie de reproduction des manchots impose cette monogamie : un unique conjoint ne peut assurer seul l'incubation ou l'élevage des poussins, mâle et femelle du couple doivent se partager les tâches.

L'estimation de la fidélité des couples d'une année sur l'autre n'est pas évidente, car elle nécessite d'identifier les individus sans les déranger et de les suivre pendant plusieurs années ; elle dépend aussi de la mortalité des adultes. À l'exception des Manchots empereur et royal, les couples sont majoritairement fidèles. Les études de populations de manchots donnent des taux de fidélité élevés : 60 % chez le Gorfou sauteur, 75 % chez le Gorfou doré, 80 % chez le Manchot à jugulaire et le Manchot Adélie, 80 à 90 % chez le Manchot du Cap, 90 % chez le Manchot des Galápagos. Cependant, les résultats sont assez variables selon les sites et les études : par exemple 49 % de fidélité à Crozet et 90 % en Géorgie du Sud chez le Manchot papou, ou 60 à 100 % chez le Manchot pygmée selon les sites et les années. Le Manchot antipode est le seul à ne pas se reproduire en colonie. Une étude menée sur plus de dix ans a montré que 63 % des couples étaient fidèles d'une année sur l'autre ; le changement de partenaire était très majoritairement dû à la mort du

Nettoyage mutuel de Gorfous sauteurs.
Ce comportement est supposé renforcer les liens sociaux.
© Laurent Demongin

partenaire précédent. Cependant, 6 % des couples se séparaient malgré la présence de leur conjoint précédent. Les couples ayant réussi à élever un poussin ensemble avaient plus de probabilité de rester ensemble l'année suivante. La fidélité majoritaire chez la plupart des espèces de manchots est une stratégie qui permet probablement d'améliorer la défense d'un territoire pour le nid, la synchronisation de la reproduction et le succès dans l'élevage des poussins.

La fidélité chez les manchots n'exclut cependant pas l'existence de relations « extraconjugales ». Chez le Manchot de Humboldt, une étude a montré qu'environ 19 % des mâles et 31 % des femelles avaient des copulations hors du couple, quoique non fécondantes. Chez le Gorfou de Fiordland et

Copulation de Manchots papous. © Laurent Demongin

le Manchot à jugulaire, les poussins étudiés étaient tous issus de leur père biologique. En revanche, chez le Gorfou de Schlegel et le Manchot Adélie, respectivement 4 % et 9 % des poussins étaient élevés par un mâle qui n'était pas leur père. Certaines femelles de Manchot Adélie acceptent ainsi la copulation avec d'autres mâles qui leur apportent des cailloux pour construire leur nid. En parc zoologique, des paternités de poussins hors du couple légitime ont été prouvées chez le Manchot papou. Toutefois, dans les populations sauvages les copulations ont lieu principalement au nid après la formation solide du couple, ce qui limite le risque de copulation extraconjugale.

Les manchots sont très fidèles à leur colonie et à leur site de reproduction au sein de la colonie, ce qui augmente leur chance de retrouver leur conjoint. Mais, même s'ils sont majoritairement fidèles, leur partenaire peut être mort durant l'hiver. Et les jeunes manchots doivent eux aussi trouver un conjoint. Il y a un avantage à arriver assez tôt à la colonie pour avoir accès au maximum de partenaires disponibles afin de faire un choix parmi les plus adéquats. Cependant, plus le manchot arrive tôt à la colonie, plus il doit potentiellement attendre longtemps un(e) partenaire. Il lui faut alors puiser dans ses réserves de graisse, ce qui le désavantagera pour la suite du cycle. Chez le Gorfou doré et le Manchot Adélie, les mâles arrivent plus tôt que les femelles. L'avantage recherché dans ce cas serait plutôt de garder le nid occupé l'année précédente en attendant l'arrivée de la femelle.

Les deux *Aptenodytes*, le Manchot empereur et le Manchot royal, font exception en termes de fidélité à leur conjoint : elle n'est que de 15 % chez le premier et 30 % chez le second. Cela pourrait s'expliquer par leur cycle reproducteur très long, respectivement neuf et treize mois, la contrainte de jeûnes prolongés, ainsi que l'absence de territoire fixe. Prenons le cas du Manchot royal. Lorsque le mâle arrive à la colonie, il doit se lier à une femelle, parader, attendre la ponte puis assurer la première période d'incubation de l'œuf en attendant que la femelle revienne s'en occuper, soit en moyenne 35 jours sans manger. Pour augmenter les chances de succès, il faut donc que le temps de jeûne soit réduit afin que le mâle ait assez de réserves de graisse. Il peut y avoir une volonté commune des deux conjoints de maintenir le couple de l'année précédente. Mais la gestion de leurs réserves de graisse en fonction des ressources en mer ne permet pas un retour au jour près. Un conjoint peut donc avoir à attendre plusieurs jours, et commencer à jeûner, entamant les réserves dont il aura besoin pour la suite. Le conjoint déjà présent sur la colonie peut alors être tenté de former plus rapidement un couple avec un nouveau partenaire. Pour maintenir la fidélité du couple, les deux conjoints devraient se synchroniser afin de revenir au même moment à la colonie. Cela nécessiterait qu'ils restent ensemble dans l'océan, mais cela n'a pas été observé. En effet, les parents sont décalés dans leurs cycles dès l'incubation, et ce décalage continue au cours de l'élevage du poussin, pendant lequel ils alternent les nourrissages et ne peuvent donc pas se coordonner. Une hypothèse reste à explorer : les adultes auraient un pool de conjoints potentiels qu'ils connaîtraient au fil des années. Leur choix préférentiel pourrait se faire en fonction de la synchronie de leur retour à la colonie au printemps.

La probabilité de « divorce » peut aussi être accrue si la proportion de mâles et femelles adultes est déséquilibrée, ce qui signifie que certains d'entre eux ne trouveront pas de conjoint. C'est le cas chez le Manchot empereur, où il y a 10 % plus de femelles que de mâles. Une explication possible est que la mortalité des mâles est plus importante en raison du très long jeûne hivernal qui leur est imposé lors de l'incubation, pendant que la femelle s'absente pour aller se nourrir. Ce jeûne les amène à leurs limites ; or, avant de pouvoir s'alimenter à leur tour, il leur faudra encore rejoindre des zones d'eau libre en marchant sur la banquise. Le couple se forme majoritairement dans les vingt-quatre heures suivant le retour du mâle à la colonie. Si la femelle arrive plus tôt que son conjoint, cela rend le divorce plus probable car elle risque d'en trouver un autre. Quand le couple est formé, les partenaires ne chantent plus jusqu'à la ponte de l'œuf. Ce silence éviterait qu'une femelle célibataire ne vienne perturber le couple.

La production des œufs

Même si les œufs de manchots sont plus légers, proportionnellement à leur corps, que ceux des autres oiseaux, leur formation exige des femelles beaucoup de ressources. Le vitellus, ou jaune d'œuf, contient les réserves énergétiques pour l'embryon ; il se forme environ six jours avant l'ovulation. L'albumen — le blanc de l'œuf — contient des protéines, des minéraux et de l'eau. Il est ajouté au vitellus, avec la coquille, environ un jour après l'ovulation. La plupart des femelles commencent à former les œufs alors qu'elles sont encore en mer en train de s'alimenter, avant de revenir à leur colonie pour parader avec leur conjoint.

Gorfou sauteur couvant son œuf dans son nid caché dans les tussocks de l'archipel Crozet.

© Michel Gauthier-Clerc

À l'exception des *Aptenodytes,* les femelles manchots pondent deux œufs. Le second œuf est produit avec un décalage de quelques jours et il est plus gros que le premier. Le premier poussin naît plus petit et a une probabilité de survie plus faible que le second poussin. Chez les gorfous, le premier œuf est 20 à 40 % plus petit que le second. Chez le Gorfou huppé *Eudyptes sclateri,* les deux œufs présentent la plus grosse différence de taille connue chez les oiseaux :

le second œuf pondu est 85 % plus lourd que le premier. Sa ponte a lieu cinq jours plus tard, écart temporel le plus important de tous les manchots. Les Gorfous huppés abandonnent directement le premier œuf, sans l'avoir du tout incubé. Chez les autres espèces de gorfous, les femelles couvent les deux œufs, mais en général, même si le premier œuf éclot, ce poussin parvient très rarement à survivre jusqu'au moment de partir en mer. Cet investissement à perte est interprété comme le maintien d'une maladaptation : bien que les gorfous aient évolué vers une reproduction assez lente — ils commencent à un âge assez tardif et élèvent peu de poussins —, ils continuent de produire ce premier œuf qui semble être un handicap, sans pouvoir évoluer vers la ponte d'un œuf unique. Le compromis actuel est la production d'un premier petit œuf alors que l'investissement se fait sur le second œuf et son futur poussin.

Certaines espèces arrivent cependant parfois à élever deux poussins. La ponte de deux œufs est donc probablement maintenue pour s'adapter aux périodes de ressources alimentaires importantes. Au sud du Pérou, certaines années, les trois quarts des couples de Manchot de Humboldt parviennent à élever deux poussins, alors que plus au sud, au Chili, cela reste rare.

Le Manchot empereur et le Manchot royal ne pondent qu'un seul œuf. Cette adaptation va de pair avec leur absence de territoire fixe dans la colonie : l'œuf, pendant la couvaison, est transporté calé sur les pattes de l'adulte, ce qui exclut la présence d'un autre œuf. Le poids d'un œuf de Manchot empereur dépasse 400 g, celui du Manchot royal 300 g. Cela pourrait sembler important mais, en réalité, la taille de l'œuf est petite : environ 2 % de la masse de la femelle qui pèse en moyenne 29 kg chez l'Empereur et 13 kg chez le Royal. Le mâle de Manchot empereur couve l'œuf pendant plus de deux mois, au cours desquels il est obligé de jeûner (voir p. 174). Lorsque le couple est à la colonie sur la banquise, il leur est impossible de se nourrir ; on pourrait donc imaginer que le couple accélère les phases précédant la ponte pour limiter ce temps passé sans manger or, en réalité, c'est le contraire. L'espèce présente la période de formation du couple la plus longue, environ six semaines. Par ailleurs, la femelle ne commence pas à produire son œuf lorsqu'elle est en mer, mais environ trois semaines après être arrivée à la colonie.

L'incubation

Chez beaucoup d'espèces d'oiseaux, la femelle assure seule l'incubation. Elle peut faire des pauses pour aller boire brièvement après avoir caché ses œufs, comme chez l'Eider à duvet. Elle peut aussi être nourrie par son conjoint, ou les conjoints peuvent se relayer sur de très petites périodes, ce qui leur permet à tous deux de s'alimenter chaque

Manchots empereurs dans une tortue, un regroupement qui permet d'économiser de l'énergie face au froid et au vent antarctiques.
© André Ancel

jour. Ce n'est pas la stratégie observée chez les manchots.

Le Manchot empereur a une stratégie particulière : la femelle part immédiatement après la ponte et laisse le mâle assurer toute la durée de l'incubation. Le mâle est ainsi obligé de jeûner pendant plus de trois mois et demi, dont 65 jours d'incubation. Il n'y parvient que si ses réserves de graisse sont suffisantes au départ et s'il parvient à les gérer. Ce long jeûne n'est possible que grâce au comportement social dit de la « tortue ». La particularité de cette espèce, avec l'autre *Aptenodytes,* le Manchot royal, est de ne pas avoir de territoire : l'individu déplace son territoire avec lui dans un rayon équivalent à la

Éclosion d'un œuf de Manchot papou.
© Laurent Demongin

L'adulte de Manchot royal aide le poussin à éclore en enlevant des morceaux de coquille de l'œuf.
© Michel Gauthier-Clerc

longueur de son aileron et n'accepte pas le contact direct avec les autres. Mais lorsque les conditions météorologiques deviennent particulièrement difficiles, les mâles Empereurs abandonnent cette distance de sécurité pour se mettre en formation de la « tortue » : ils se collent les uns aux autres, jusqu'à dix adultes par mètre carré. Ils limitent ainsi leurs pertes de chaleur et économisent leurs réserves de graisse afin d'atteindre le terme de l'incubation et le retour de la femelle. Sans le comportement de la tortue, le mâle d'Empereur ne pourrait pas dépasser un jeûne de 60 jours.

Chez toutes les autres espèces de manchots, les deux conjoints se relaient pour couver tout en jeûnant. La durée totale d'incubation atteint 54 jours chez le Manchot royal. Lors de la première phase, qui inclut la parade et environ 18 jours d'incubation, le mâle de Manchot royal perd environ 25 % de son poids, passant de 14 kg à 10,5 kg au retour de la femelle. Le mâle de Manchot empereur, lui, perd 40 % de son poids, de 38 kg lors de son arrivée à la colonie à 23 kg à la fin de la période d'incubation.

Chez les autres espèces, le temps d'incubation varie entre 35 et 45 jours. Certaines espèces commencent à incuber le premier œuf avant la ponte du second. L'embryon entame son développement et éclot avant le second poussin. D'autres espèces incubent uniquement à partir de la ponte du second œuf, l'éclosion des deux poussins sera alors synchrone. Le développement de l'embryon est dépendant de la température et de l'humidité de son environnement. Le rôle de l'adulte est de tourner régulièrement l'œuf et de créer cet environnement favorable, bien que les conditions extérieures puissent varier de très froid et sec sur le continent Antarctique à très chaud et sec sur les îles Galápagos. En cas d'échec lors de l'incubation, certains couples peuvent tenter une seconde ponte. Cela reste cependant rare et a peu de chances de succès : le timing est très tendu pour parvenir à terminer un cycle reproducteur en phase avec des ressources alimentaires océaniques suffisantes pour élever le poussin.

L'élevage du poussin

Une fois le poussin éclos, à tour de rôle les parents le protègent ou partent en mer chercher de la nourriture. Quand le poussin a acquis la faculté d'effectuer seul sa thermorégulation et de se défendre contre les prédateurs, les deux parents peuvent partir en mer simultanément, et le poussin est ainsi approvisionné plus fréquemment. Les deux partenaires apportent alors la nourriture indépendamment l'un de l'autre. L'intervalle entre deux repas peut excéder dix jours chez certaines espèces, et même atteindre plusieurs mois lors du jeûne hivernal chez le poussin de Manchot royal (voir p. 74). Cependant, le plus souvent, les intervalles excèdent rarement trois jours.

Les adultes peuvent faire alterner deux types de séjour en mer pour aller chercher de la nourriture. Lors de voyages de longue durée, parfois deux semaines, les manchots vont se nourrir à grande distance, la majeure partie de ce temps étant consacrée à reconstituer leurs propres réserves de

Poussins de Gorfou doré en crèche.
© Michel Gauthier-Clerc

graisse puis, à la fin, au repas du poussin. Lors de voyages de courte durée, les adultes s'approvisionnent dans les eaux proches des colonies et peuvent rapporter de la nourriture au poussin à plusieurs reprises. Pendant les voyages courts, les adultes maigrissent en puisant l'énergie stockée pour leurs propres besoins et tout l'effort de chasse est axé sur la capture de proies à ramener au poussin. Les deux parents apportant la nourriture

Manchot royal nourrissant son poussin déjà émancipé. L'adulte transporte la nourriture dans son estomac et la régurgite pour son poussin.

indépendamment l'un de l'autre et selon des intervalles de temps supérieurs à vingt-quatre heures, l'état nutritionnel du poussin lors d'un nourrissage donne peu d'informations permettant aux parents d'ajuster leur apport au cours du voyage alimentaire suivant.

Les grandes distances à parcourir par les manchots pour trouver et rapporter de la nourriture expliquent la faible taille de la ponte, un à deux œufs, et son succès, limité le plus souvent à un seul poussin. Lorsqu'il y a deux poussins, il a été montré que les Manchots papous étaient tout de même capables d'augmenter leur apport de nourriture, sans cependant parvenir à le doubler. En conséquence, l'un des deux poussins prend rapidement l'ascendant sur l'autre. De même, chez le Manchot à jugulaire, les parents qui élèvent deux poussins ajustent leur effort en augmentant à la fois la fréquence des nourrissages et la taille des repas.

Les manchots ont une longue espérance de vie, et les parents privilégient leur propre survie plutôt que celle du poussin lorsque les conditions océaniques deviennent défavorables. Cela est particulièrement visible chez les Manchots royaux qui continuent d'élever leur poussin pendant l'hiver. Si les disponibilités alimentaires diminuent à l'automne, les adultes augmentent leurs réserves graisseuses, donc leur marge de sécurité, et diminuent la masse de nourriture rapportée au poussin. Cela peut s'expliquer par le fait que les poussins ont une croissance relativement lente — le plus long temps d'élevage est celui du Manchot royal qui atteint plus de dix mois. Si les adultes peinent à concentrer et à transporter l'énergie, cela limitera la possibilité d'une croissance rapide du poussin. En comparaison, les jeunes de pinnipèdes, phoques et éléphants de mer, ont une croissance très rapide grâce au lait maternel à forte concentration énergétique.

Colonie de Manchot royal en hiver sur l'île de la Possession dans l'archipel Crozet.

Le Manchot papou est parfois capable d'élever deux poussins. © Laurent Demongin

Jeune éléphant de mer tétant sa mère. Le lait très riche permet une croissance rapide et permet à la mère d'éviter les allers-retours en mer, contrairement aux manchots. © Michel Gauthier-Clerc

Lors de l'absence des parents partis en mer pour chercher de la nourriture, les poussins se regroupent en formant des crèches. Seuls le Manchot antipode et le Manchot des Galápagos ne le font pas. Le premier n'est pas colonial, chaque couple s'installant isolément. Pour le second, les poussins restent au nid jusqu'à ce qu'ils soient capables de partir en mer. Chez les autres espèces, les crèches peuvent rassembler de plusieurs milliers de poussins — chez le Manchot royal — à moins de dix — chez le Manchot du Cap.

Mue des poussins et émancipation

Le poids relatif des poussins parvenus à l'émancipation pour leur grand départ en mer est variable selon les espèces. Lors de leur départ en mer, les jeunes sont en général légèrement moins lourds que leurs parents : chez le Manchot empereur, leur masse atteint seulement 60 % de celle de l'adulte. Le jeune va ainsi continuer sa croissance en mer. Le maximum est de 104 % de l'adulte chez le Manchot papou.

Avant son départ, le poussin doit totalement changer de plumage, non pas parce celui-ci est usé, mais en raison d'une modification radicale de mode de vie : il va passer d'une vie terrestre à une vie aquatique. Le plumage terrestre du poussin est destiné à la thermorégulation pour limiter les pertes caloriques. Il est également léger, et l'anatomie du jeune lui permet de courir,

Poussins de Manchot empereur durant l'hiver antarctique.
© Céline Le Bohec

Gorfous dorés perdant leur plumage de poussin adapté à la vie terrestre et adoptant le plumage permettant la vie en mer.
© Michel Gauthier-Clerc

notamment pour échapper à ses prédateurs. Le plumage aquatique, lui, est adapté à l'hydrodynamisme. Le poussin perd ses capacités de course en faveur d'une anatomie adaptée à la nage. Chez le Manchot royal, le jeune continue de porter son plumage terrestre brun pendant plus de dix mois. Après l'hiver, en septembre et octobre, il reprend du poids et acquiert son plumage aquatique en quelques semaines, durant les mois de novembre et décembre.

Chez le Manchot royal, les poussins qui réussissent à passer l'hiver et à partir en mer se répartissent entre mâles et femelles de façon très variable d'une année à l'autre : de 44 à 58 % pour les mâles. Lorsque les femelles sont plus nombreuses, elles sont aussi en meilleure

Mue d'un poussin de Manchot royal avant son premier départ en mer. Son anatomie se transforme également, passant d'une capacité à courir sur terre à celle de nager en haute mer. © Michel Gauthier-Clerc

condition que les mâles. Inversement, lors des années avec plus de naissance de mâles, ils sont en meilleure condition que les femelles. Les explications restent encore peu claires car cela signifie que les adultes ajusteraient leur effort en fonction du sexe et des conditions océaniques. Certaines années, ils s'investiraient par exemple moins s'ils ont un mâle.

Les manchots ne se reproduisent en général pas avant l'âge de trois ans, ainsi le Manchot de Humboldt ou le Manchot papou. Les femelles de Manchot pygmée se reproduisent cependant dès l'âge de deux ans. Quant aux Manchots Adélie ou royal, ils attendent le plus souvent l'âge de cinq à six ans avant de s'engager dans un cycle reproducteur.

Mue des adultes

Une fois que leur jeune a mué et acquis son plumage marin, les adultes vont en mer faire le plein de réserves pour préparer leur propre mue, car la nage dans l'eau entraîne une usure importante des plumes. S'il est impossible à un manchot de se nourrir à terre, il lui est également impossible de renouveler ses plumes petit à petit : celles-ci forment une coque compacte qui isole son corps de l'eau afin d'éviter la déperdition de chaleur, et des trous dans son plumage engendreraient une perte de calories trop importante dans des eaux en général froides. La mue du manchot s'effectue donc en une seule fois, et à terre. Les plumes neuves commencent à croître sous les plumes anciennes tandis que

Gorfous sauteurs muant. Le plumage est changé chaque année en totalité. © Laurent Demongin

À gauche, un adulte de Manchot royal ayant terminé sa mue. À droite, un immature âgé de deux ans commençant sa mue. © Michel Gauthier-Clerc

le manchot est encore en mer. En quelques semaines — de deux chez le Manchot à jugulaire à cinq chez le Manchot royal —, période pendant laquelle il est à terre et doit donc cesser de s'alimenter, l'adulte renouvelle la totalité de son plumage. Cette mue nécessite de très grandes ressources : des réserves de graisse à stocker durant

Manchots papous. Lors de la période de mue, ils doivent rester à terre et jeûner.

les semaines précédentes pour supporter le jeûne à terre ; des réserves de protéines pour assurer la croissance du tout nouveau plumage. Durant cette période, l'adulte est également plus exposé aux prédateurs et n'a plus les mêmes capacités de thermorégulation de son corps.

Les adultes muent le plus souvent sur leurs sites de reproduction, c'est le cas d'une majorité de Manchots royaux. Les Manchots empereurs, eux, muent sur la banquise dans des secteurs très éloignés de leur colonie, en général en groupe. Les Manchots Adélie muent également sur la banquise, parfois à proximité de leur colonie, d'autres fois très loin. Le Manchot des Galápagos possède une grande réactivité lorsque les ressources océaniques sont suffisantes pour démarrer une reproduction : après une courte période de prise alimentaire en mer, il effectue une mue rapide, en dix à quinze jours. La disponibilité des ressources étant imprévisible, cette courte mue lui confère une grande flexibilité pour se reproduire à n'importe quel moment de l'année. Il peut même muer deux fois par an.

Prédateurs

Malgré leur grande taille, les manchots ont une multitude de prédateurs. Ils constituent des proies très attractives, car très riches en énergie, avec un poids et des masses de graisse potentiellement très importants. Les prédateurs des manchots adultes peuvent être marins ou terrestres. À terre, les poussins et les œufs peuvent être également la cible de prédateurs.

Dans les zones subantarctiques et antarctiques, le danger pour les adultes se situe surtout en mer tandis que les moments à terre au sein de la colonie sont moins risqués — sous réserve que l'adulte ne soit pas affaibli par un amaigrissement trop important, une maladie ou une blessure.

En mer, leur prédateur le plus redoutable est sans aucun doute le Léopard des mers. Ce phoque exploite un large éventail de proies, du krill à d'autres phoques, mais il peut réaliser des prélèvements très importants sur des populations de manchots. Aux îles Shetland du Sud, les Léopards de mer capturent ainsi entre 5 et 20 % des adultes de Manchot à jugulaire.

Les manchots font partie des proies de l'Orque épaulard, mais de façon très variable selon les groupes d'orques, qui ont tendance à se spécialiser. Dans l'archipel des îles Crozet, à certaines saisons, les orques patrouillent à proximité immédiate de la côte devant les colonies de Manchots royaux pour en capturer.

Sous des latitudes plus tempérées, les manchots sont également les proies des grands prédateurs marins : le Requin bleu, *Prionace glauca,* et le Grand Requin blanc, *Carcharodon carcharias,* dans le cas des Manchots du Cap en Afrique du Sud ; le Barracuda, *Sphyraena sp.,* dans celui des Manchots à œil jaune.

Jeune Léopard des mers. Ce phoque est le prédateur principal des manchots antarctiques.

© Michel Gauthier-Clerc

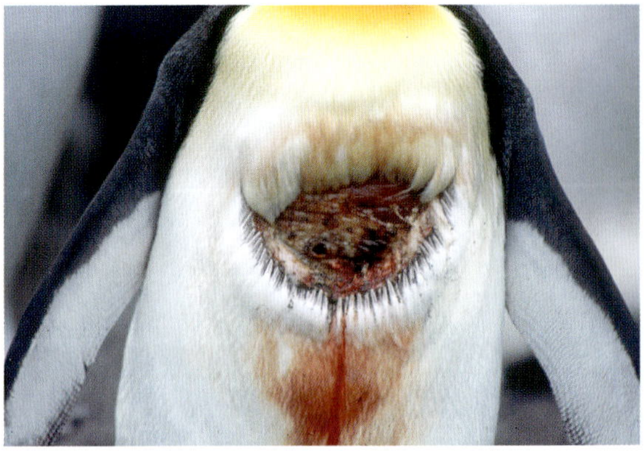

Blessure d'un Manchot royal à la suite d'une attaque par un Léopard des mers.

© Michel Gauthier-Clerc

Certains groupes d'orques chassent les manchots, ici dans l'archipel Crozet.
© Michel Gauthier-Clerc

La majorité des espèces de manchots partagent la mer avec diverses espèces d'otaries qui font régulièrement d'eux leur repas. Ainsi, par exemple, l'Otarie à fourrure d'Afrique du Sud, *Arctocephalus pusillus,* avec le Manchot du Cap ; l'Otarie à crinière, *Otaria flavescens,* avec le Manchot de Magellan ; et l'Otarie de Hooker, *Phocarctos hookeri,* avec le Manchot à œil jaune.

Dans certains cas, les adultes sont également exposés à la prédation lors de leurs séjours à terre, notamment en Amérique du Sud. Le principal prédateur du Manchot de Humboldt est le Renard du désert austral, *Lycalopex sechurae.* En Patagonie, des pumas, *Puma concolor,* se spécialisent dans le Manchot de Magellan. Dans le parc national de Monte León, celui-ci représente même la part principale de leur régime alimentaire.

À terre, les plus exposés restent cependant les poussins et les œufs, qui ont une multitude de prédateurs potentiels. Comme les

Caracara austral dans une colonie de Manchot papou aux îles Malouines. Il s'attaque aux œufs et aux jeunes poussins.
© Laurent Demongin

manchots nichent toujours au sol, ils sont particulièrement exposés, même si le regroupement en colonie leur assure une certaine protection.

Lors de la colonisation humaine plus ou moins récente, les îles ont subi l'introduction de nouvelles espèces auxquelles les manchots n'avaient jamais été confrontés. En Nouvelle-Zélande et en Australie, la prédation par des mammifères terrestres exotiques est un véritable problème. Une des menaces principales sur le rare Manchot à œil jaune — qui compte seulement 1700 couples — est la prédation par des espèces introduites : chats, furets et hermines, ces deux derniers introduits en Nouvelle-Zélande au XIXe siècle pour tenter, sans succès, de contrôler les lapins. Pour le Manchot pygmée, ce sont plutôt les furets et les hermines en Nouvelle-Zélande, les chiens en Australie et les chats en Tasmanie. Les rats peuvent se nourrir des œufs, tels ceux du rare Gorfou de Sclater des îles Antipodes au large de la Nouvelle-Zélande.

Skuas antarctiques sur une carcasse de manchot.

© Laurent Demongin

Les prédateurs locaux incluent les rapaces, comme, en Amérique du Sud, l'Urubu à tête rouge, *Cathartes aura,* et le Caracara austral, *Phalcoboenus australis.* Le Manchot des Galápagos a assez peu de prédateurs, mais la Buse des Galápagos, *Buteo galapagoensis,* et le Hibou des marais, *Asio flammeus,* capturent parfois des adultes. Citons encore un prédateur redoutable, le Râle wéka, *Gallirallus australis.* Incapable de voler, il parcourt le sol à la recherche de ses proies qui comprennent les œufs et poussins de manchots, comme ceux du rare Gorfou du Fiordland, *Eudyptes pachyrhynchus,* endémique de Nouvelle-Zélande. Parmi les prédateurs aviaires majeurs, on trouve les différentes espèces de skuas et de goélands, les Goélands dominicain, *Larus dominicanus,* siméon, *L. belcheri,* et du Pacifique, *L. pacificus,* qui survolent les colonies à la recherche d'opportunités de capture d'œufs ou de petits poussins.

Une colonie de manchots constitue bien un vaste garde-manger à ciel ouvert.

**Orque patrouillant en bordure du littoral
à la recherche de manchots et de jeunes éléphants de mer.**

Pour l'illustrer, prenons l'exemple d'une étude menée en zone subantarctique sur une colonie de Manchots royaux de l'île de la Possession, dans l'archipel Crozet, comptant environ 25 000 couples. Côté mer, les orques viennent régulièrement patrouiller devant la colonie. Des blessures profondes à la poitrine de certains adultes indiquent la présence fréquente de Léopards de mer dans les eaux environnantes. Sur terre, des dizaines de Pétrels géants, *Macronectes giganteus,* de Pétrels de Hall, *Macronectes halli,* de Skuas subantarctiques, *Catharacta lonnbergi,* de Goélands dominicains, *Larus dominicanus,* ainsi que des centaines de Petits Chionis, *Chionis minor,* sont aussi présents dans la colonie. Les chionis la parcourent en permanence à la recherche de déchets ou de nourriture laissée par les adultes en alimentant leur progéniture. Ils vont parfois jusqu'à

Skuas antarctiques consommant un œuf de Manchot royal dans l'archipel Crozet.
© Michel Gauthier-Clerc

Goéland dominicain. Il prédate parfois les œufs et les jeunes poussins de manchots.
© Michel Gauthier-Clerc

Petits chionis dans une colonie de Manchots royaux.
Ils consomment surtout des fientes et des carcasses, parfois des œufs.
© Michel Gauthier-Clerc

Pétrels géants étant parvenus à tuer un adulte de Manchot royal.
© Michel Gauthier-Clerc

s'interposer entre l'adulte et le poussin pour lui voler sa part. Leur rôle de prédateur direct reste cependant occasionnel et opportuniste, sur de très petits poussins ou des œufs. Les Pétrels géants et de Hall sont présents toute l'année, alors que la plupart des skuas migrent et sont absents durant l'hiver, entre juin et août. La prédation provoque la mort de plus de 50 % des poussins de Manchots royaux en crèche, dont 85 % due aux pétrels et 15 % aux skuas. Ces statistiques n'incluent pas la prédation lors de l'incubation et lors de l'élevage du petit non émancipé, avant sa mise en crèche. Toutes causes confondues, environ 30 % des couples de Manchots royaux sont en échec dès l'incubation. Puis, parmi ceux qui ont réussi à obtenir l'éclosion, encore environ 30 % des couples n'arriveront pas à amener leur poussin en crèche. Enfin, pendant l'automne et l'hiver, entre début mars et fin août, les pétrels tueront un tiers des poussins en crèche, surtout capturés pendant la nuit.

Pétrels de Hall consommant un Manchot royal.
© Michel Gauthier-Clerc

On pourrait penser qu'ils prélèvent majoritairement les poussins très maigres, et donc faibles, que leurs parents ont très peu nourris durant l'hiver, et qui allaient de toute façon mourir. Mais ce n'est pas le cas : les poussins capturés sont en moyenne plus petits, mais pas maigres, et proviennent probablement des manchots qui se sont reproduits plus tardivement dans la saison. En été, les pétrels ont des difficultés à s'introduire dans la colonie en raison de la dense barrière de becs des adultes massés les uns à côté des autres ; ils s'attaquent alors surtout aux poussins, et parfois aux adultes en difficulté, en périphérie de la colonie. C'est là que les reproducteurs arrivés plus tardivement se sont installés ; ils sont donc plus exposés. En hiver, en raison du petit nombre d'adultes présents, les pétrels peuvent accéder aux crèches de l'ensemble de la colonie et y chasser. La crèche permet aux poussins de mieux se protéger des prédateurs et des intempéries en faisant bloc, mais reste un lieu de compétition où l'agressivité entre individus est intense. Seuls les plus grands poussins ont accès au centre. Les poussins les plus petits, qui sont aussi souvent ceux des reproducteurs tardifs, sont rejetés à la périphérie et se trouvent ainsi plus exposés aux attaques des pétrels ; ils dorment moins pour rester plus vigilants.

Cet exemple pris dans une colonie de Manchots royaux montre à quel point le temps passé à terre est, pour les manchots, une période à très haut risque ; la prédation peut être la principale cause de l'échec de leur reproduction. Durant l'hiver, le manque de nourriture et la prédation entraînent une telle mortalité qu'en septembre, seul un couple sur deux retrouvera son poussin vivant. Parmi les couples qui ont eu un œuf, seule une faible minorité parviendra à élever un poussin jusqu'à son départ en mer.

LA VIE
EN MER

La nage et la plongée sont très consommatrices d'énergie, beaucoup plus que le vol. Cette dépense énergétique nécessite de pouvoir consommer rapidement des proies disponibles en grande quantité. Cette contrainte pourrait expliquer la présence des manchots dans le seul hémisphère Sud. Bien qu'ils soient capables de parcourir des milliers de kilomètres, ils ne sont jamais observés dans le Pacifique ou l'Atlantique Nord, qu'ils auraient pourtant pu coloniser. La faible productivité des eaux tropicales pourrait avoir été une barrière, faute de proies suffisantes, à leur diffusion dans l'hémisphère Nord.

Les Manchots pygmées australiens se nourrissent à proximité des côtes. Colonie de Louth Island, en Australie.

© Diane Colombelli-Négrel

Il faut bien distinguer deux périodes pour comprendre la relation des manchots à l'océan : la période de reproduction, pendant laquelle ils ont besoin de retourner régulièrement à terre, et le reste de l'année. Les manchots ont très peu de flexibilité possible dans le choix de leur site de ponte. Pour certaines espèces, cela se réduit à quelques petites îles subantarctiques disséminées, ou, sur le continent Antarctique, à des sites très particuliers : dégagés de la glace pour les Manchots Adélie, ou avec une banquise

Manchots empereurs sous la banquise antarctique.

© Paul Ponganis

Colonie de Manchot empereur à Akta Bay. Les adultes doivent marcher des dizaines de kilomètres pour rejoindre l'eau libre où capturer des proies pour leur poussin.
© Céline Le Bohec

Les Manchots antipodes nichent en couples isolés et se nourrissent à proximité des côtes en Nouvelle-Zélande.
© Kevin Schafer / Photoshot / Biosphoto

suffisante pour les Manchots empereurs. Les manchots n'ont aucune ressource alimentaire disponible lorsqu'ils sont à terre. Ils ne consomment pas non plus d'animaux morts ou de déchets en surface, comme peuvent le faire les albatros ou les pétrels. Leurs stratégies alimentaires se focalisent sur la capture de proies vivantes sous l'eau et les obligent donc à plonger.

En période de reproduction, on distingue les manchots côtiers et les manchots pélagiques, c'est-à-dire de haute mer. Toute la stratégie de la reproduction et de la prise alimentaire est contrainte par la distance entre le site de ponte et la zone où sont disponibles des ressources suffisantes en mer. Le site de ponte est le point central à partir duquel les manchots vont

Pétrel de Hall.
Il peut s'alimenter à terre contrairement aux manchots qui doivent jeûner. Son bec géant lui permet de déchirer les chairs, ici d'un manchot.
© Michel Gauthier-Clerc

rayonner. Les ressources océaniques dont dépendent les manchots sont très variables à la fois dans leur localisation et dans leur abondance, d'une année sur l'autre et parfois d'un mois à l'autre.

Les manchots côtiers disposent de ressources alimentaires relativement proches du continent ou des îles où ils nichent, et ils s'en éloignent peu, même en hiver hors de la période de reproduction. Les Manchots des Galápagos restent ainsi à seulement quelques kilomètres de leur colonie pour se nourrir. Les Manchots antipodes s'alimentent entre 2 et 25 kilomètres de la côte, alors que les Manchots du Cap, comme les Manchots papous, se nourrissent majoritairement dans un rayon de 40 kilomètres des côtes. En revanche, les manchots pélagiques, tels les gorfous ou le Manchot royal, se déplacent sur de très grandes distances, jusqu'à plusieurs milliers de kilomètres de leur colonie durant l'hiver.

La dépendance aux grands courants et fronts océaniques

L'abondance en nutriments à la base d'un réseau trophique important — phytoplancton, krill, poissons... — dépend du mélange d'eaux de températures différentes. Or, les grands courants océaniques, tel le courant circumpolaire antarctique, créent des tourbillons à grande échelle, de 10 à 500 kilomètres de diamètre, où se produisent des mouvements circulaires d'eau de température froide ou chaude.

Les Manchots royaux de l'archipel Crozet vont se nourrir durant l'été à plusieurs centaines de kilomètres vers le sud. Ils sont particulièrement dépendants du front polaire antarctique, qui est la zone de convergence des eaux antarctiques froides et des eaux subantarctiques plus douces. Ces manchots commencent par se déplacer à grande vitesse vers le sud en se laissant porter par les courants, économisant ainsi de l'énergie. Ils ralentissent ensuite leur progression lorsqu'ils arrivent dans les zones de tourbillons où ils s'alimentent. Ils se nourrissent tout particulièrement aux marges de ces immenses courants circulaires plutôt qu'au centre car si la remontée des eaux froides se fait au

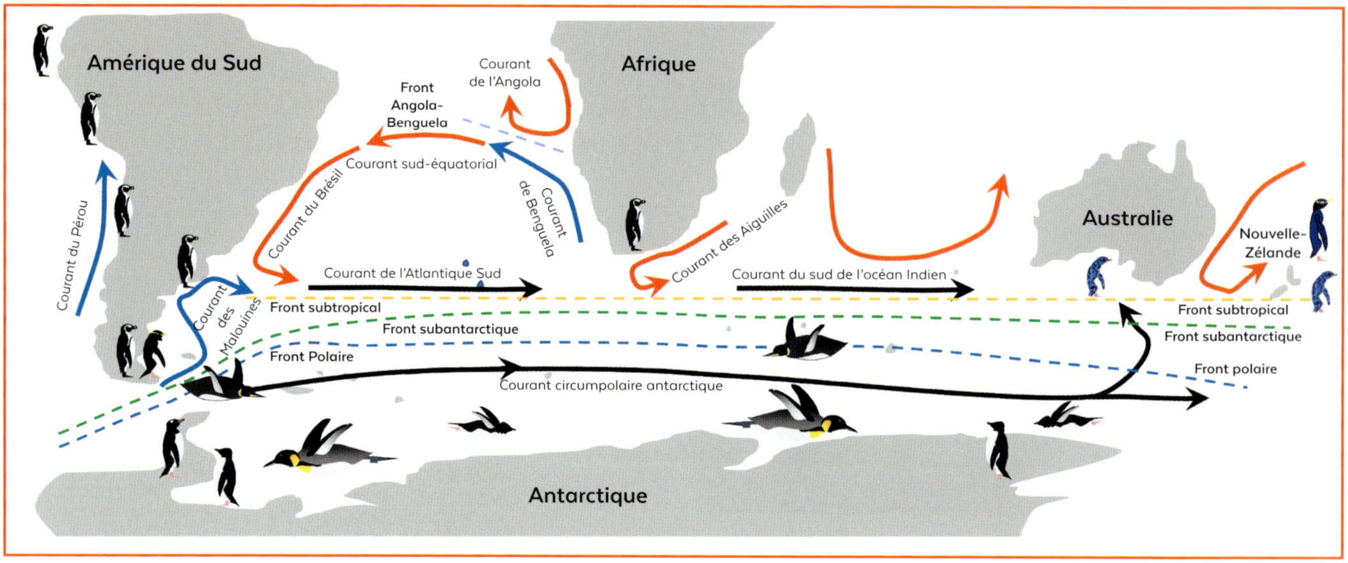

Les manchots sont dépendants de courants océaniques et des fronts où se mélangent des eaux d'origine et de température différentes, condition de l'abondance de leurs proies. © Michel Gauthier-Clerc

Les Manchots royaux sont adaptés à la nage en haute mer.
© Michel Gauthier-Clerc

centre, les proies se concentrent au bord du tourbillon. La position géographique du front polaire antarctique est liée à des événements océaniques et atmosphériques qui se produisent dans les océans Indien, Pacifique et Atlantique. Ainsi, des événements subtropicaux simultanés dans l'océan Indien et l'océan Atlantique créent des anomalies chaudes qui se déplacent vers le sud et modifient la position du front polaire antarctique. Les Manchots royaux doivent alors nager plus loin au sud, et donc plus longtemps, pour trouver leurs proies, en majorité des poissons de la famille des Myctophidés, appelés aussi poissons-lanternes.

Les Gorfous dorés de l'archipel Crozet rejoignent le front subantarctique environ 250 kilomètres plus au nord avant d'augmenter leur effort de plongée pour se nourrir quand ils arrivent dans les zones de tourbillons. Ils utilisent eux aussi les courants forts pour dériver et ainsi se déplacer en minimisant l'énergie consommée. Leur vitesse lors des trajets d'aller et de retour est d'environ 3,5 km/h, alors qu'elle est inférieure à 2 km/h lorsqu'ils se trouvent dans la zone productive. Au total, ils parcourent plus de 900 kilomètres durant ces voyages, tandis que leur conjoint resté à terre est en train d'incuber l'œuf. Une étude menée pendant plusieurs années sur des Gorfous dorés de Géorgie du Sud en lien avec les ressources en krill, a montré qu'en période de faible abondance, ils devaient rallonger leurs voyages en mer de plusieurs dizaines de kilomètres vers le nord pour trouver des proies en quantité suffisante. Cette baisse de ressources avait un impact sur le poids des jeunes à leur départ en mer, et donc probablement sur leur survie, puisqu'ils démarraient leur vie autonome avec ce déficit.

Le Gorfou doré effectue des centaines de kilomètres en mer pour reconstituer ses réserves de graisse et nourrir son poussin.
© Michel Gauthier-Clerc

Les Manchots pygmées australiens nichant sur le littoral oriental de l'Australie sont à la fois côtiers et sédentaires. Ils utilisent

Manchot pygmée australien sur son nid à Troubridge Island. Le renforcement des courants océaniques chauds est défavorable à sa reproduction. © Diane Colombelli-Négrel

les mêmes secteurs marins toute l'année et sont très dépendants du courant est-australien. Les côtes du sud-est de l'Australie sont relativement pauvres en nutriments, dont l'abondance est liée aux vents et aux possibilités de remontées d'eaux froides. Le courant est-australien est un courant chaud situé sur la marge ouest du grand tourbillon, ou gyre, du sud du Pacifique, dont l'influence chaude a tendance à se renforcer avec le changement actuel du climat mondial. Les températures à la surface de l'océan oscillent actuellement entre un minimum de 14 °C l'hiver et 23 °C l'été. D'une année à l'autre, les températures moyennes peuvent varier de 4 °C, que cela soit en été ou en hiver. Ce sont les eaux froides qui offrent aux manchots le meilleur succès dans leurs captures ; à des températures plus élevées — au-delà de 20-21 °C — le rendement de leur chasse diminue, probablement en réponse à des proies plus dispersées ou nageant dans des eaux plus profondes. Or, ce scénario de réchauffement des eaux augmente

Gorfou sauteur à New Island dans l'archipel des îles Malouines. L'orientation des vents dominants détermine la répartition des proies et la prise de poids des gorfous. © Laurent Demongin

en fréquence, car les courants océaniques chauds venant de l'ouest ont tendance à se renforcer et les eaux chaudes pénètrent de plus en plus loin vers la côte australienne. D'ici à 2100, la température à la surface de l'océan de ce secteur pourrait augmenter de 3 °C en moyenne. Le succès reproducteur des Manchots pygmées australiens diminuent aussi lorsque les différentes couches de l'eau, définies par des températures différentes, ne sont pas nettes et se mélangent à proximité des côtes. Au lieu d'être concentrées dans des couches de température bien définies, les proies se dispersent, ce qui complique la chasse des manchots. Ce mélange des couches d'eau est favorisé lors des tempêtes. Les scénarios climatiques prédisent qu'il devrait être de plus en plus fréquent dans l'avenir, impactant négativement la reproduction des manchots.

Les grandes circulations des vents participent aux mouvements des eaux de surface de l'océan, créant des phénomènes de dispersion des eaux chaudes superficielles et la remontée d'eaux froides (voir p. 198 et 199). Par exemple, les alizés soufflent d'est en ouest, de l'Amérique du Sud vers l'Australie, entraînant la remontée d'eaux froides le long des côtes occidentales de l'Amérique du Sud. Ces eaux remontent chargées de nutriments et offrent aux manchots une abondance de proies. Bien que les manchots ne soient pas volants, une relation entre la prise de poids et le vent a également été mise en évidence à des échelles de temps très courtes, de l'ordre de quelques jours, chez le Gorfou sauteur aux îles Malouines. Ceux-ci affichaient une prise de masse plus rapide lors de vents forts venant de l'ouest ou faibles venant de l'est, tandis que par vents forts venant de l'est, ils avaient plus de difficulté à se nourrir. Les vents influent en effet directement sur les circulations d'eau et ainsi sur la disponibilité immédiate de leurs proies.

Sur la côte ouest de l'Amérique du Sud, les trois espèces de manchots du genre *Spheniscus,* Manchots de Humboldt, des Galápagos et de Magellan, sont très dépendants du courant du Pérou, appelé aussi courant de Humboldt. Le courant du Pérou transporte les eaux froides antarctiques le long de la côte pacifique de l'Amérique du Sud. La productivité des eaux n'est pas constante et dépend des alizés, ces vents

Manchots de Humboldt sur la côte pacifique du Chili. Leur reproduction est dépendante du courant du Pérou et des événements d'El Niño.

© Rene Quispe

Manchots du Cap revenant d'un voyage d'alimentation en mer. La rencontre du courant froid du Benguela et du courant des Aiguilles crée des zones riches en poissons. © David Grémillet

marins soufflant d'est en ouest, qui influent sur les remontées d'eaux profondes. Lors des événements réguliers d'El Niño, ces remontées d'eaux froides sont freinées et les poissons, anchois notamment, nagent alors à plus grande profondeur et à plus grande distance de la côte et deviennent moins accessibles aux manchots. Les Manchots de Humboldt migrent alors sur de grandes distances à la recherche de nourriture, et il a été montré qu'ils utilisaient leur odorat pour détecter les secteurs favorables dans l'océan. Durant ces périodes, ils parcourent beaucoup plus de kilomètres, passent plus de temps en plongée, et doublent presque leur dépense énergétique. Ils sont également obligés de capturer une plus grande proportion de calmars, nourriture moins riche que les poissons.

Dans l'Atlantique Est, des processus océaniques analogues se produisent sur la côte ouest de l'Afrique du Sud et de la

Namibie. Les vents alizés soufflent d'est en ouest et créent une remontée d'eaux plus froides. Le courant froid du Benguela circule le long des côtes vers le nord-ouest. À la pointe de l'Afrique du Sud, le courant des Aiguilles venant de l'océan Indien à l'est amène des eaux plus chaudes qui, au contact des eaux plus froides, créent une zone très riche en proies pour les Manchots du Cap. Les poissons, telles les sardines, se regroupent dans des secteurs côtiers d'eaux plus froides où ceux-ci vont se nourrir. Mais à l'époque actuelle, le courant chaud des Aiguilles a tendance à se renforcer et perturbe l'abondance de leurs proies.

Au sud de la Nouvelle-Zélande, le front subtropical a une importance cruciale pour plusieurs espèces de manchots. Constitué par la convergence d'eaux froides subantarctiques et d'eaux subtropicales plus chaudes, ce front crée ainsi une zone très productive. Les mâles de Gorfou des Snares — espèce restreinte aux îles du même nom, à 200 kilomètres au sud de la Nouvelle-Zélande — le rejoignent durant la période d'incubation par la femelle. L'incubation et le voyage des mâles sont synchronisés avec le pic de productivité du phytoplancton, et donc de leurs prédateurs qui sont les proies des manchots. Comme le front subtropical se situe à plusieurs centaines de kilomètres à l'est, le voyage des manchots en mer est long, deux semaines en moyenne. Une fois relayées par leur conjoint, les femelles partent en mer à leur tour, mais sur des trajets plus courts, environ une semaine, dans des zones plus proches des colonies de reproduction.

Les Gorfous du Fiordland, restreints à la Nouvelle-Zélande, ne comptent que 3 000 couples. Ils rejoignent eux aussi le front subtropical, mais en novembre, durant le voyage alimentaire qui précède la mue et dans un autre secteur, à 800 kilomètres au sud de la Tasmanie. Puis, au cours du mois suivant, ils voyagent encore plus loin et rejoignent un autre front plus au sud, le front subantarctique. Ils peuvent ainsi s'éloigner à 2 500 kilomètres de leur colonie, totalisant des trajets de plus de 6 000 kilomètres.

Les polynies et l'hiver antarctique

Le Manchot empereur est un cas particulier en période de reproduction, puisqu'il pond et élève son poussin pendant l'hiver, sur la banquise, loin de la mer libre. Les adultes ne rejoignent pas des courants océaniques spécifiques, mais atteignent, en marchant ou en glissant sur le ventre, des zones d'eau libre ouvertes dans la banquise, les polynies, parfois distantes de plusieurs centaines de kilomètres de leur lieu de reproduction. Les polynies se créent régulièrement dans des zones précises, mais pas systématiquement chaque année. Les plus grandes d'entre elles peuvent couvrir plusieurs dizaines de milliers de kilomètres carrés. Leur formation, au mécanisme encore mal connu, est sans

Le poussin de Manchot empereur attend en jeûnant sur la banquise que ses parents reviennent avec de la nourriture. © Céline Le Bohec

doute liée à des courants atmosphériques qui pourraient fragmenter la glace, ou à des courants sous-marins avec remontées d'eaux plus chaudes qui empêcheraient la glace de se reformer. Une fois la glace fondue, l'air froid refroidit l'eau de surface qui coule en profondeur, maintenant ainsi un mouvement de convection. La façon dont les Manchots empereurs connaissent la localisation des polynies et s'orientent pour les rejoindre reste encore à élucider. Une étude menée sur des adultes de la colonie de Cap Washington, en terre Victoria, a montré que, lorsqu'ils arrivent à la limite de la glace et de l'eau, ils patientent plusieurs heures avant de plonger pour se nourrir. L'explication serait qu'ils attendent d'autres adultes, afin de se regrouper pour plonger ensemble et

Le Manchot empereur doit marcher parfois
des centaines de kilomètres pour rejoindre des polynies
où il peut se nourrir. © David Grémillet

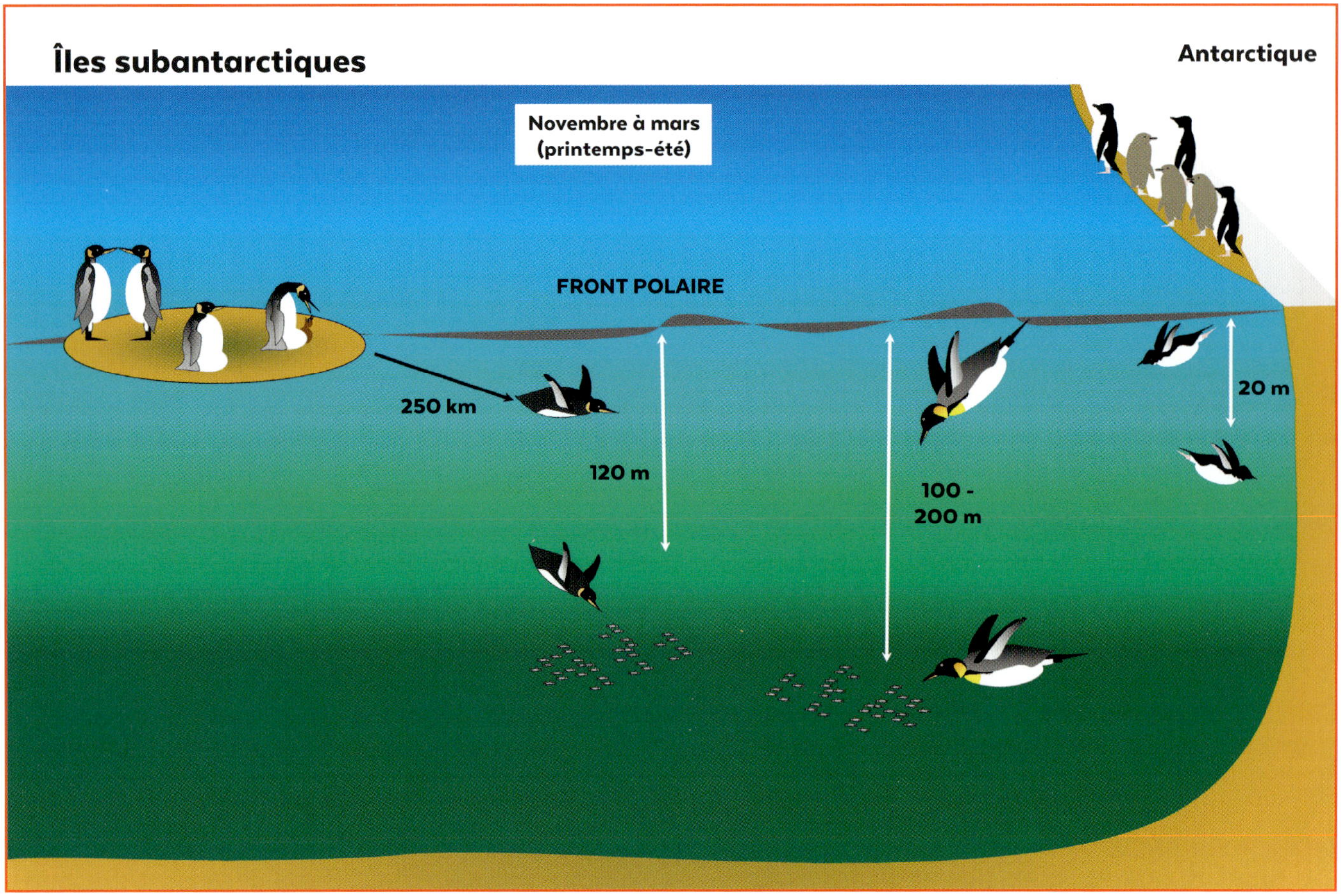

Les Manchots royaux et Adélie se reproduisent durant l'été et profitent des ressources abondantes. Les Manchots royaux se nourrissent au front polaire. Les Manchots empereurs font des réserves de graisse et préparent leur reproduction. © Michel Gauthier-Clerc

de limiter ainsi le risque de capture par un Léopard des mers. La lumière constante leur permet de chasser tout au long de la journée. Ils alternent des périodes de chasse de cinq heures en moyenne et des périodes de repos d'environ deux heures et demie. À la différence du Manchot royal, obligé de rester de longues heures en mer durant la nuit, le Manchot impereur se repose peu dans l'eau. Il passe près d'un tiers de son temps sur la glace qui joue le rôle de refuge, que ce soit pour se reposer ou pour se déplacer à pied à l'abri des prédateurs.

Pendant cette période hivernale antarctique, les Manchots Adélie et jugulaire effectuent, eux, de grandes migrations en mer. Les Manchots Adélie hivernent entre mai et août à des centaines, parfois à des milliers de kilomètres de leur colonie de reproduction. Ils ne vont cependant pas

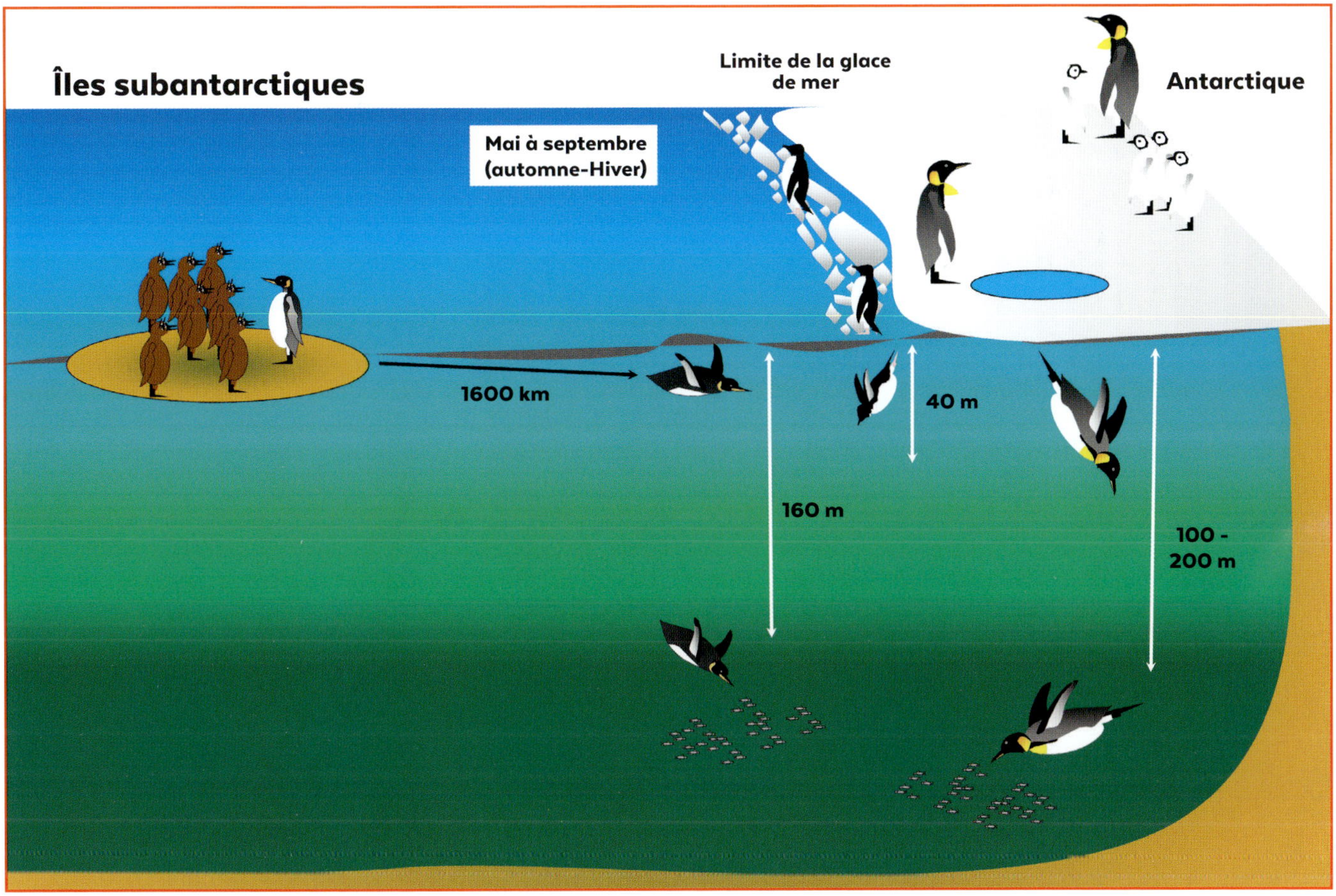

En hiver, les Manchots Adélie migrent en mer, à la limite de la banquise. Les Manchots royaux continuent d'élever leur poussin mais doivent aller plus au sud. Les Manchots empereurs se reproduisent et se nourrissent dans les polynies. © Michel Gauthier-Clerc

dans les zones de mer ouverte, sans glace, mais restent dans celles où la banquise est importante, jusqu'à 80 % de la surface de la mer. Toutefois, même quand cette couverture de glace est très étendue, les Manchots Adélie maintiennent un effort de plongée constant, ce qui suggère qu'ils parviennent toujours à trouver assez d'eau libre. Les trajets migratoires suivent généralement la direction du mouvement des glaces et son extension vers le nord en hiver. Les Manchots Adélie plongent plus profondément en hiver, parfois au-delà de 120 mètres de profondeur, avec une moyenne à 40 mètres, alors qu'en été ils ne descendent qu'à 10-20 mètres en moyenne, avec des maxima à 40 mètres. Ils se nourrissent principalement entre l'aube et le crépuscule. Comme les Manchots empereurs, ils se reposent sur la banquise à l'abri de leurs prédateurs, Léopards des

Les Manchots empereurs se nourrissent en hiver dans des zones d'eau libre : les polynies. © André Ancel

Les Manchots Adélie se nourrissent à la limite de la banquise. © David Grémillet

mers et orques. Les Manchots à jugulaire sont également de grands migrateurs hivernaux, mais ils évitent les zones de banquise. Ils restent surtout à la transition entre les eaux libres et la glace. Ils pourraient dans ce contexte profiter du changement du climat, sous réserve de ses autres impacts sur les courants océaniques et sur leurs proies.

Courants océaniques et différenciation génétique

Les grands courants et les fronts océaniques ont parfois fortement structuré la génétique des populations de certaines espèces de manchots, en agissant comme des barrières difficiles à franchir. Les espèces vivant en haute mer exploitent des zones immenses. Le Gorfou doré utilise ainsi plusieurs millions de kilomètres carrés pour se nourrir dans l'océan Indien. Les Manchots empereur, royal, jugulaire et Adélie sont eux aussi pélagiques et s'éloignent en hiver à plus de 1000 kilomètres de leurs colonies, parfois 5000 kilomètres dans le cas des immatures (peut-être pour éviter la compétition avec les adultes ?), c'est-à-dire à des

Pour les Manchots empereur et Adélie, la banquise est un refuge pour éviter les orques et les Léopards des mers.
© Gilles Cauvin

Le Gorfou doré se nourrit en haute mer.
© Laurent Demongin

distances supérieures à celles séparant les colonies occupées par leurs populations. Leur comportement pélagique semble favoriser leur dispersion entre les différentes colonies, car chez chacune de ces espèces, la différenciation génétique au sein de la population mondiale reste faible. Les Manchots royaux vont se nourrir principalement au front polaire antarctique, situé en général au sud de leurs colonies. Des populations nichant au nord du front polaire antarctique et éloignées de plus de 7000 kilomètres, entre l'archipel Crozet et les îles Malouines, ne sont pas différenciables par leur génétique, ce qui met en évidence des échanges fréquents d'individus reproducteurs entre ces deux zones. Les populations de Manchot royal de Géorgie du Sud, quant à elles, sont situées au sud du front polaire antarctique. Bien qu'elles ne soient qu'à 1500 kilomètres des populations des îles Malouines, elles

Les Manchots papous se nourrissent à quelques dizaines de kilomètres des côtes et sont peu migrateurs.
© Laurent Demongin

Les deux populations de Manchots antipodes, en Nouvelle-Zélande et sur les îles subantarctiques, ont peu d'échanges en raison du front subtropical qui agit comme une barrière physique. © Sylvestre Popinet et Christel Freidel / Biosphoto

présentent avec ces dernières une divergence génétique. Ce fait suggère que le front polaire antarctique crée un obstacle limitant les échanges entre le sud et le nord, alors que les échanges est-ouest, sur de plus grandes distances, semblent fréquents. Les résultats trouvés chez les Manchots papous confortent cette hypothèse. Ceux-ci ne sont pas connus pour être de grands migrateurs ; ils exploitent principalement les ressources proches des côtes, même hors de la période de reproduction. Pourtant leurs populations de la péninsule Antarctique sont relativement proches génétiquement des populations de Géorgie du Sud, située elle aussi au sud du front polaire. En revanche, elles présentent une plus grande différence génétique par rapport aux reproducteurs sur les îles Malouines, situées au nord du front polaire.

Le Manchot antipode offre un autre exemple. Après y avoir été exterminés par les Maoris il y a moins de mille ans, les Manchots antipodes avaient recolonisé l'Île du Sud de la Nouvelle-Zélande à partir des populations

Les Gorfous sauteurs se seraient différenciés en une autre espèce que celle des Gorfous de Moseley en raison de leur séparation par le front subtropical. © Laurent Demongin

subantarctiques des îles Auckland et Campbell. Même si on connaît donc cette possibilité de déplacement et que la distance, 450 à 650 kilomètres, est relativement faible pour des manchots, des études génétiques récentes ont montré que la dispersion d'individus reproducteurs étaient en réalité très peu fréquente. Les flux de gènes entre les deux populations sont faibles. Le front subtropical qui circule entre l'Île du Sud de la Nouvelle-Zélande et les îles subantarctiques, et qui marque la rencontre d'eaux froides subantarctiques et d'eaux subtropicales plus chaudes, agit là aussi comme une barrière entre les deux populations de Manchots antipodes. Le front subtropical serait également à l'origine de la différenciation en deux espèces distinctes du Gorfou sauteur, répandu au sud dans les îles subantarctiques, tout autour du continent Antarctique, et du Gorfou de Moseley, présent plus au nord (sur les îles de Tristan da Cunha et Gough dans l'Atlantique Sud et sur les îles de Saint-Paul et Amsterdam dans l'océan Indien).

La consommation de proies

Il y aurait environ 700 millions d'oiseaux marins dans le monde, représentés par plus de 300 espèces. L'ensemble de ces populations consommerait de 56 à 87 millions de tonnes de nourriture par an. Un quart est consommé seulement par les manchots. Parmi les 300 espèces d'oiseaux marins, 20 espèces consomment plus de 70 % de la masse des proies. Elles vivent toutes sous de hautes latitudes, au-delà de 30 degrés, dans les hémisphères Nord et Sud. Les deux plus gros consommateurs mondiaux sont le Gorfou doré et le Manchot à jugulaire. Cinq autres espèces de manchots font partie de ce groupe de 20, dans l'ordre décroissant de leur consommation totale : le Manchot royal, le Manchot Adélie, le Gorfou sauteur, le Manchot empereur et le Manchot de Magellan. La population mondiale de ce dernier consomme ainsi environ 2 millions de tonnes de proies par an. Parmi les grands consommateurs autres que les manchots figurent notamment des guillemots, des puffins et des albatros.

La méthode pour déterminer le régime alimentaire des manchots a surtout consisté, jusqu'il y a une quinzaine d'années, à identifier les restes des bols alimentaires ramenés à la colonie. L'identification des proies peut se faire, pour les poissons, par l'analyse des

Les Manchots royaux font partie des plus grands consommateurs de nourriture parmi les oiseaux marins.

© Michel Gauthier-Clerc

Les Manchots Adélie se nourrissent de petits crustacés, mais également de poissons et de méduses. © David Grémillet

Albatros fuligineux à dos clair. Avec les manchots, les albatros font partie des plus grands consommateurs marins.
© Michel Gauthier-Clerc

otolithes, une concrétion de cristaux située dans l'oreille interne et dont la forme est particulière à chaque espèce, ou, pour les calmars, par la forme de leurs becs. Cette méthode est cependant restrictive, car elle ne concerne que les repas les plus récents du manchot, ceux qu'il a gardés dans son estomac pour les rapporter à son ou ses poussin(s). Or, les adultes s'absentent pendant des jours, voire des semaines avant de revenir à la colonie. Les proies capturées sont transformées et stockées dans leur corps sous forme de graisse. Il est donc possible que les proies

Le Manchot papou est très opportuniste dans son régime alimentaire.
© Michel Gauthier-Clerc

capturées par l'adulte à grande distance pour reconstituer ses réserves de graisse soient très différentes des proies capturées au dernier moment pour nourrir son poussin. Une méthode complémentaire consiste désormais à analyser la composition isotopique de divers éléments chimiques de la graisse, comme le carbone et l'azote, et à la comparer à celle des proies. De nouvelles méthodes utilisent également l'ADN des proies. Chez le Manchot Adélie, la méthode par l'ADN a montré que le régime alimentaire était plus diversifié qu'on ne le pensait, et en particulier que les méduses et les cténophores y prenaient une part significative alors qu'ils n'étaient pas identifiés par les méthodes classiques. Les méduses avaient été longtemps ignorées car les restes ne perduraient pas et ne permettaient donc pas leur identification. Ce résultat a aussi émergé grâce à la pose de caméras embarquées sur les manchots, filmant leurs proies. Quatre espèces de manchots suivies,

Gymnoscopelus, un poisson-lanterne de la famille des Myctophidés, est une proie importante pour les Manchots royaux.
© Gilles Cauvin

Les Manchots du Cap chassent en groupe pour capturer des anchois ou des sardines. Cette photo est prise par une caméra posée sur le dos d'un manchot. © Alistair McInnes

en Amérique du Sud, en Australie et en Antarctique, consommaient régulièrement des méduses.

Les proies principales des manchots sont généralement diverses espèces de petits poissons, des calmars et du krill. Le krill est constitué de petits crustacés de la famille des Euphausiacés qui vivent en bancs très denses. On ne fera pas ici une liste des espèces consommées par les manchots, elle est immense, et variable selon les saisons, les régions et les événements océaniques. Les espèces de manchots sont cependant plus ou moins spécialisées dans certains groupes d'espèces. Les Manchots papous ont la particularité d'être flexibles et opportunistes dans leur régime alimentaire. Les Manchots royaux consomment majoritairement des poissons-lanternes, mais également des calmars. La part de ces derniers augmente durant l'hiver, lorsque les poissons-lanternes deviennent moins accessibles.

En Antarctique, les Manchots Adélie sont très dépendants du krill mais consomment aussi une part importante de poissons. Ils sont, en revanche, moins dépendants des calmars. Les Manchots à jugulaire sont axés sur le krill, toutefois, leur régime alimentaire comprend aussi une part de poissons-lanternes. Chez les Manchots empereurs, le poisson nommé Calandre antarctique, *Pleuragramma antarcticum*, peut représenter jusqu'à 95 % de la masse consommée. Le Krill antarctique, *Euphausia superba*, qui est de très petite taille, peut malgré tout représenter 75 % du nombre de proies. Le Manchot empereur consomme également des Calmars des glaces, *Psychroteuthis glacialis*.

Parmi les *Eudyptes*, le Gorfou sauteur est opportuniste mais son régime alimentaire reste centré sur les trois grands groupes :

Gorfou doré (à gauche), le plus gros consommateur de proies au monde parmi les oiseaux marins, et Gorfou sauteur (à droite). © Michel Gauthier-Clerc

poissons, calmars et krill. Le Gorfou doré se porte principalement sur les poissons-lanternes et le krill, alors que le Gorfou du Fiordland consomme en large majorité des calmars, le krill constituant seulement environ 10 % de son régime et les poissons à peine quelques pour cent. En Afrique du Sud, le Manchot du Cap a une prédilection pour les anchois et les sardines. En Amérique du Sud, le Manchot de Magellan est très opportuniste et flexible selon la saison et les disponibilités en poissons, calmars ou krill. Durant la saison de reproduction, il se concentre, comme le Manchot de Humboldt, sur des petits poissons vivant en grands groupes, comme des anchois et des sprats, qui représentent la ressource la plus abondante. Le Manchot des Galápagos, qui reste côtier, est à la fois généraliste et opportuniste. Il se focalise sur des proies proches de la terre ferme, incluant des poissons tels que les mulets et des anchois, des calmars et des crustacés. Le Manchot antipode, en Nouvelle-Zélande, est très dépendant d'un sprat, *Sprattus antipodum,* un poisson de la famille des Clupéidés.

Manchot pygmée au nid protégeant son poussin. Cette espèce chasse en groupe et de façon synchronisée pour capturer ses proies, notamment les anchois, entre 5 et 15 mètres de profondeur. © Diane Colombelli-Négrel

D'autres poissons sont consommés à différentes périodes. Le poisson *Hemerocoetes monopterygius* est capturé pour les poussins alors que la Morue bleue, *Parapercis colias,* est plutôt consommée par les adultes. Le Manchot pygmée australien dépend surtout des poissons de la famille des Clupéidés, comme les anchois. Les adultes capturent également du krill pour nourrir leur poussin.

La capture des proies : la plongée

La vie des manchots en profondeur sous l'eau n'est pas — ou n'est que marginalement — observable par l'œil humain. Néanmoins, le développement des techniques et la miniaturisation des appareils a permis de poser sur le plumage des manchots des dispositifs d'enregistrement de données telles que la pression

Manchot empereur équipé sur son dos d'un appareil de mesures permettant de découvrir leur vie lointaine en mer.
© Céline Le Bohec

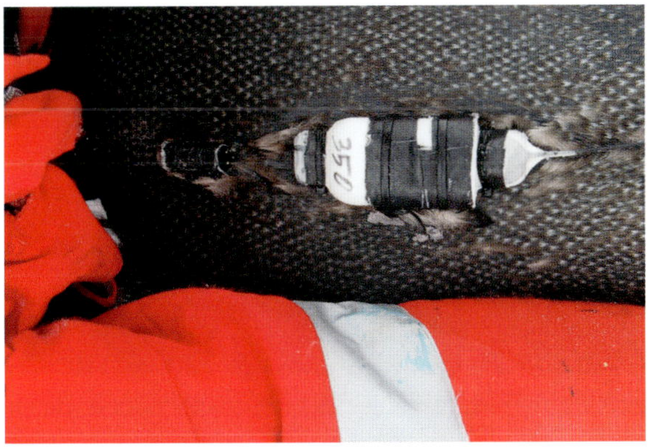

Appareil de mesures, fixé sur les plumes du dos d'un Manchot empereur.
© Céline Le Bohec

pour calculer la profondeur, des GPS pour déterminer la localisation, ou encore, plus récemment, des caméras. Ces appareils ont donné accès à la vie lointaine et profonde des manchots.

Ainsi, on a pu découvrir à quel point les manchots sont d'extraordinaires nageurs et plongeurs. Le Manchot empereur, qui pèse entre 25 et 30 kg, a des durées de plongée classique de 5 à 12 minutes à des profondeurs situées entre 50 et 200 mètres. Des records de 32 minutes d'apnée et une profondeur de plongée de 550 mètres

Manchots empereurs plongeant depuis un trou dans la banquise.
© Paul Ponganis

ont été enregistrés. Même si ces plongées extrêmes sont souvent citées, elles restent toutefois minoritaires. Dans une étude hivernale portant sur plusieurs dizaines de milliers de plongées, 94 % d'entre elles étaient inférieures à 200 mètres et seulement 0,2 % des plongées étaient extrêmes, en dessous de 400 mètres. La durée de près de 95 % de ces plongées était inférieure à 6 minutes et 0,04 % seulement dépassaient les 12 minutes. Dans certains cas au moins, peut-être dans tous, les plongées de longue durée correspondent à des Manchots empereurs ne parvenant pas à retrouver un trou libre de glace pour remonter à la surface, en particulier lorsque la banquise est très dense en hiver et peut se refermer sous l'effet du vent ou de vagues. Les Manchots empereurs passent alors de longs

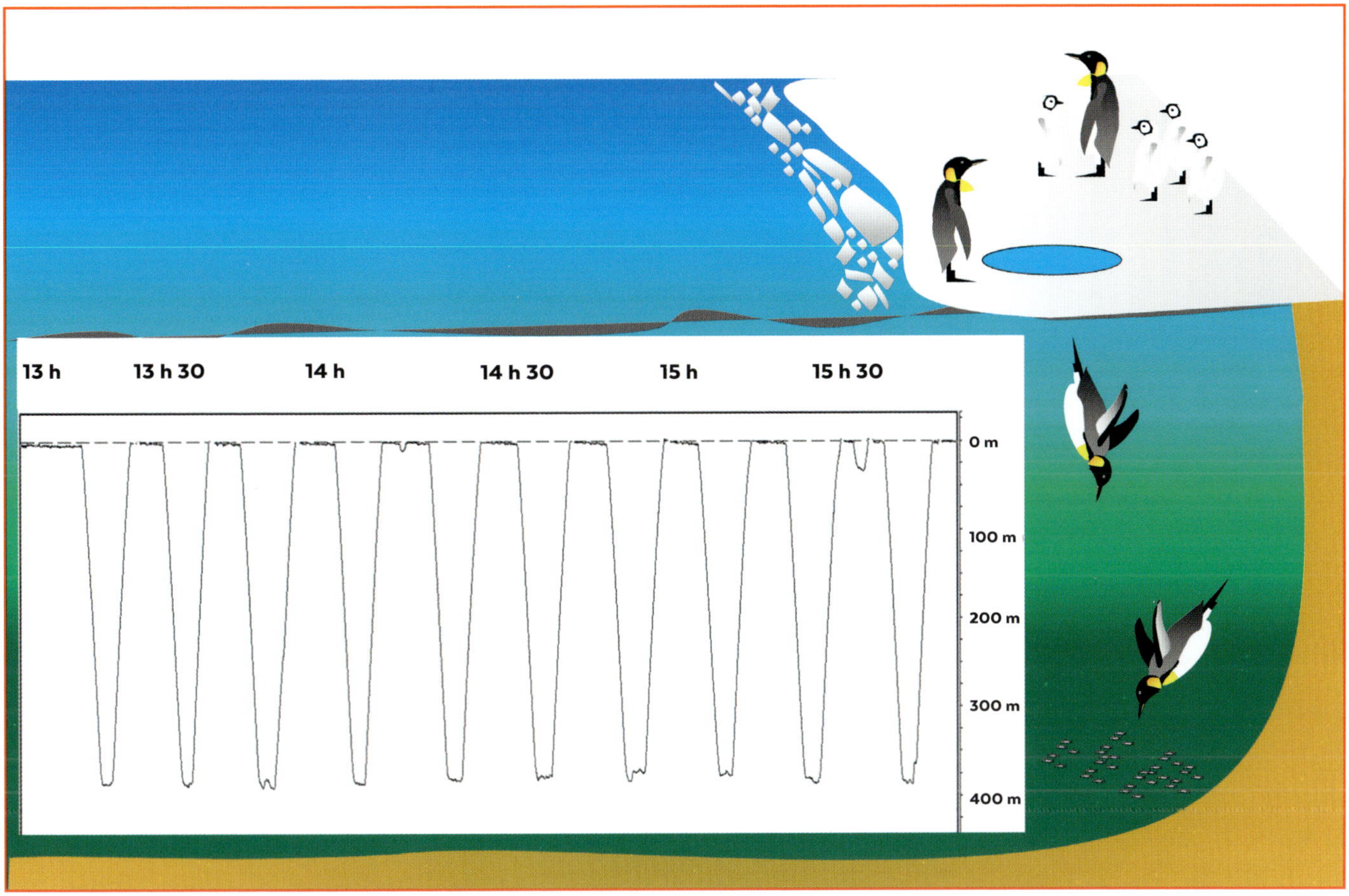

Exemple d'un profil de plongées réel d'un Manchot empereur mesuré par un enregistreur de pression. Le manchot enchaîne une dizaine de plongées à près de 400 mètres de profondeur en 2 h 30. © Michel Gauthier-Clerc

moments à nager, à profondeur moyenne, à la recherche d'un éclair de lumière signalant une voie vers l'air libre.

La profondeur de plongée est contrainte par la luminosité. En hiver, lorsque la durée du jour est plus courte, les plongées vers 200 mètres ou au-delà se restreignent aux quelques heures lumineuses, alors qu'au printemps, les Manchots empereurs plongent profondément pendant plus de vingt heures de la journée, ce qui montre, comme pour d'autres espèces de manchots, leur grande dépendance à la lumière du jour pour capturer leurs proies.

Les Manchots royaux plongent également à grande profondeur. Il a été montré qu'ils anticipent la profondeur qu'ils souhaitent atteindre. Lorsqu'ils réussissent à capturer une proie, ils réduisent leur temps en surface

Les Manchots de Magellan capturent des poissons, des calmars et du krill lors de plongées souvent inférieures à 30 mètres.
© Laurent Demongin

Manchot royal avant une plongée.
© Michel Gauthier-Clerc

pour respirer et récupérer, et replongent plus rapidement pour retrouver leurs proies. Ils diminuent aussi leur temps de descente et restent plus longtemps au niveau du palier de présence des proies. Parmi les *Pygoscelis,* les Manchots d'Adélie, qui ne pèsent que quelques kilos, chassent en général à vue à moins de 45 mètres de profondeur, mais peuvent plonger jusqu'à 100 mètres avec des apnées de près de 3 minutes. La pose de caméras sur cette espèce a montré qu'ils capturent rapidement leurs proies — du krill — en pleine eau vers 30 mètres de profondeur, et les poissons des glaces *Pagothenia borchgrevinkis* sous la banquise vers seulement 6 mètres de profondeur. Les plongées durent en moyenne 1,5 minute et toutes ne sont pas efficaces. À l'inverse, la majorité de leurs proies est capturée sur un petit nombre de plongée. Le Manchot à jugulaire chasse à moins de 40 mètres de profondeur. Il a la particularité de chasser plus souvent de nuit que les Manchots papou et d'Adélie. Parmi les *Spheniscus*, les Manchots des Galápagos plongent très peu profond, en général à moins de 6 mètres et pendant moins d'une minute, même s'ils peuvent atteindre 50 mètres et rester 3 minutes en apnée. Les Manchots du Cap, de Magellan et de Humboldt chassent le plus souvent à moins de 30 mètres de profondeur durant des plongées de quelques minutes, même s'ils sont capables d'atteindre 60 à 90 mètres. Les Gorfous dorés plongent en moyenne à 50 mètres et dépassent parfois 150 mètres. La nuit venue, même s'ils continuent de plonger, ils ne descendent en général pas en dessous de 10 mètres. En Nouvelle-Zélande, le Manchot antipode plonge à une profondeur comprise entre 40 et 120 mètres. Le Manchot pygmée australien plonge très majoritairement entre 5 et 15 mètres pendant 20 à 40 secondes. Un adulte effectue en moyenne une à deux captures par minute de plongée, soit au total plus de 400 proies par jour. Lorsqu'il parvient à capturer une proie, dans les trois quarts des cas il n'en capture pas de seconde. Dans les autres cas, il capture deux proies ou plus, jusqu'à six lors de la même plongée.

Le Manchot de Humboldt utilise son odorat pour localiser les zones riches en nourriture dans l'océan.

© Rene Quispe

Localiser les proies

Les Manchots du Cap peuvent percevoir le sulfure de diméthyle pour localiser des zones riches en nourriture. En effet, le sulfure de diméthyle se dégage notamment dans l'atmosphère lorsque le plancton se dégrade. La molécule est très volatile et détectable par l'odorat à de faibles doses. Le Manchot de Humboldt dispose également de ces capacités olfactives. Elles lui sont probablement très utiles lors des phases d'El Niño, pendant lesquelles les proies n'ont plus leur répartition habituelle, ce qui demande alors à ces manchots de migrer sur des centaines de kilomètres à la recherche de zones encore productives en nourriture.

Manchots royaux revenant de mer avec des différences de réserves de graisse visibles au niveau de leur bréchet. © Michel Gauthier-Clerc

La chasse coordonnée en groupe

Même si les manchots sont des animaux sociaux lors de la reproduction et si des groupes de manchots ont été observés en haute mer, il a été montré seulement récemment qu'ils peuvent chasser leurs proies en groupe, et même de façon coordonnée. Mais la probabilité de suivre deux individus équipés d'un appareil de mesure et chassant ensemble était faible. Les premiers éléments dans ce sens ont été récoltés chez le Gorfou de Moseley. Puis la pose de caméras a permis de documenter plus directement les Manchots Adélie, jugulaire et pygmée australien, en obtenant des clichés de groupes sous l'eau. Les manchots peuvent ainsi plonger de façon synchrone pendant des heures. Il a pu être démontré chez le Manchot du Cap qu'ils sont aussi capables d'appliquer une stratégie de coopération de groupe pour rabattre les poissons.

Après avoir nourri leurs poussins durant la nuit, les Manchots pygmées australiens se regroupent sur la plage avant de repartir ensemble en mer. Les individus qui partent

Manchots du Cap voyageant en groupe au large de l'Afrique du Sud.
© Alistair McInnes

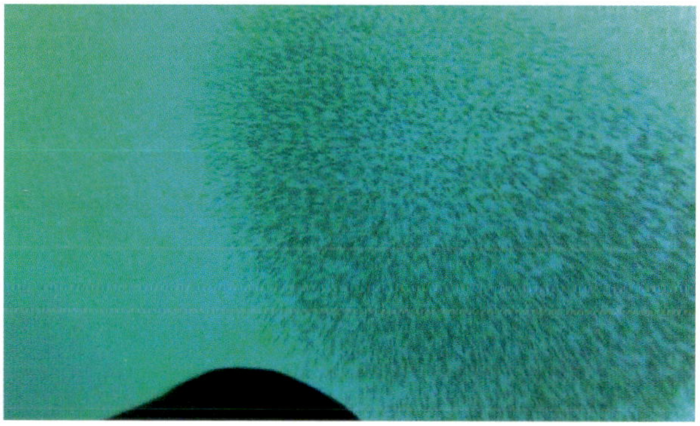

Un adulte de Manchot du Cap en approche d'un banc de poissons pélagiques.
© Alistair McInnes

Regroupement de Manchots pygmées le soir sur la plage avant de rejoindre leurs poussins.
© Fred Bavendam / Minden Pictures / Biosphoto

Le matin, les Manchots pygmées se rassemblent de nouveau et vont chasser en mer en groupe.
© D. Parer et E. Parer-Cook / Minden Pictures / Biosphoto

ensemble de la colonie ont en effet tendance à rester ensemble en mer. Le soir, avant de revenir à la colonie, ils se rassemblent de nouveau à proximité de la côte et attendent le coucher du soleil avant d'aller à terre nourrir leurs poussins. Il y a plusieurs avantages potentiels à voyager et à pêcher en groupe : détecter les proies, les capturer plus facilement, profiter aussi de l'information des autres manchots sur la localisation connue des proies, et enfin détecter et fuir les prédateurs. Un inconvénient potentiel est d'être en compétition avec les autres manchots de son groupe pour capturer des proies peu abondantes. Les Manchots pygmées synchronisent leur comportement de plongée avec des congénères pendant une grande partie de leur séjour en mer. Ils ont tendance à s'associer pour pêcher lorsque les poissons sont regroupés en bancs très mobiles ; leur succès de capture est alors plus important que lorsqu'ils chassent des proies solitaires. L'intérêt de ce regroupement semble être lié à une meilleure détection de ces bancs de poissons. En revanche, il ne semble pas y avoir d'avantages à cette stratégie pour attraper du krill qui est peu mobile et ne nécessite pas d'effort pour le poursuivre à la nage.

Immature de Manchot empereur. Durant la première année en mer, les immatures effectuent de grands voyages en mer, notamment vers le nord. © André Ancel

La première année en mer

Les immatures de manchots passent d'une vie terrestre, nourris par leurs parents, à une vie marine où ils doivent plonger pour attraper eux-mêmes leur nourriture. Les jeunes Manchots royaux partent en mer au printemps, lorsque les ressources sont abondantes. Leur suivi en mer a montré que, lors des premiers mois, ils ont des capacités de plongée inférieures à celles des adultes expérimentés. Une part de ces jeunes manchots va mourir durant cette période. Avant qu'ils ne disparaissent, leur profondeur de plongée diminue de moitié (passant en moyenne de 95 mètres à 45 mètres), ainsi que la durée de ces plongées (de 200 à 170 secondes), preuve qu'ils n'arrivent pas à s'alimenter correctement. À l'inverse, ceux qui parviennent à devenir autonomes accroissent au fil des mois leurs capacités de plongée, en profondeur comme en durée. Au bout de huit mois, au cœur de l'hiver, alors que les proies nagent à plus grande profondeur, ils parviennent encore à progresser, jusqu'à atteindre en moyenne plus de 180 mètres et 335 secondes, performances quasi similaires à celles des adultes.

Les jeunes Manchots empereurs quittent leur colonie en décembre lorsque la banquise fond et que les ressources en mer sont abondantes. Ils commencent leur vie en mer alors qu'ils n'ont pas fini leur croissance. Durant les trois à quatre premiers mois, ils partent loin au large. Contrairement aux adultes, ils sont moins liés à la limite de la banquise et ont tendance à s'éloigner vers le nord, à plus de 1000 kilomètres du continent Antarctique, jusqu'au front polaire antarctique qui est aussi la zone d'alimentation des adultes de Manchots royaux. Les Manchots empereurs immatures plongent principalement en dessous de 100 mètres de profondeur et peuvent atteindre 300 mètres. À partir de l'automne et durant l'hiver, ils reviennent vers le sud, dans la zone des glaces où sont restés les adultes. Leurs plongées sont alors moins profondes, entre 50 et 100 mètres. Les distances parcourues par les jeunes Manchots empereurs durant leur première année en mer sont très importantes. L'un d'eux a ainsi couvert plus de 7 000 kilomètres en huit mois.

Théoriquement, les manchots devraient acquérir au cours des années de plus en plus d'expérience de nage et ainsi être de plus en plus efficaces dans la limitation de leurs dépenses énergétiques. On peut aussi supposer qu'à un âge avancé, des problèmes physiologiques et anatomiques vont au contraire entraîner une baisse de leurs performances. Une étude comparant des Manchots royaux âgés de 8-9 ans, déjà expérimentés mais pas encore très vieux, et de jeunes adultes de 3 à 5 ans d'âge durant leurs premières reproductions, a montré des différences dans leurs efforts de plongée. Les jeunes dépensaient plus d'énergie pour une performance et des vitesses similaires. Les interprétations restent des hypothèses, mais les jeunes adultes pourraient avoir des postures moins hydrodynamiques lors de la plongée, ou des trajectoires moins directes, raison pour laquelle ils dépenseraient plus d'énergie pour plonger profondément.

Stockage de l'énergie et nourrissage du poussin

Le nourrissage du poussin est un passage déterminant du cycle de reproduction des oiseaux. Les manchots font alors face à plusieurs contraintes. Les poussins de manchots ne peuvent pas suivre leurs parents en mer pour se nourrir comme le feraient des canetons avec une cane. Les adultes ne peuvent pas stocker la nourriture sous forme de graisse et la restituer sous forme de lait comme les mammifères. Les sites de reproduction sont à terre et souvent restreints à quelques lieux, des îles par exemple, et les adultes peuvent difficilement rapprocher leur site de reproduction à terre des zones marines riches en proies. Pour nourrir les poussins, les adultes doivent donc effectuer des allers-retours entre la mer et la colonie à terre. La distance à parcourir entre les zones d'alimentation et la colonie est un point clé à retenir dans la vie des manchots. L'autre point clé est la quantité d'énergie qui peut être transportée par voyage. L'équation entre la distance à parcourir, qui détermine la durée du voyage en mer, et l'énergie transportable à chaque fois pour le poussin est déterminante. Ces contraintes expliqueraient l'évolution similaire de divers groupes d'oiseaux pélagiques : une faible taille de la ponte, une longue période d'incubation, une croissance lente des poussins, une faible fréquence de reproduction, une maturité tardive et une longue espérance de vie.

Jeune poussin de Gorfou sauteur.
Ses parents viennent le nourrir irégulièrement.
© Michel Gauthier-Clerc

La température et la position des masses d'eau océaniques sont très fluctuantes en fonction des mois et des années. Si les manchots connaissent en général la direction dans laquelle ils doivent nager vers la zone d'alimentation, ils ne peuvent souvent pas prévoir la distance à parcourir pour la rejoindre. Plus celle-ci sera importante, moins ils pourront nourrir fréquemment leur poussin, même si la nourriture y est abondante.

Les manchots, comme d'autres oiseaux pélagiques, ont développé des adaptations alternatives à la lactation, permettant d'augmenter leurs capacités de stockage et la valeur calorique des repas qu'ils transportent entre la mer et la terre pour alimenter leur poussin. Ils transportent cette nourriture dans leur estomac et non dans leur bec, à la différence, par exemple, des sternes ou des macareux. Arrivés à terre, les parents vont régurgiter le bol alimentaire en plusieurs fois pour nourrir leur petit. Le manchot ne semble pas contraint par le temps que la nourriture passe dans son estomac ; en revanche, il l'est par le volume et la masse de nourriture que son estomac peut contenir et qu'il est capable de transporter à la nage.

Les mammifères ont la capacité de délivrer du lait à leurs jeunes. Cette adaptation leur a permis un succès remarquable, car le lait offre la possibilité de ne pas être totalement dépendant de la nourriture disponible immédiatement. Les femelles de mammifères stockent des réserves sous forme de graisse qu'elles sont ensuite capables de mobiliser le moment venu sous forme de lait. La plupart des oiseaux sont dépendants de la nourriture disponible en temps réel autour d'eux dans la nature. Quelques espèces — les Manchots empereurs, les flamants et les pigeons — ont cependant réussi à développer une adaptation proche de celle des mammifères : leur tube digestif, au niveau de l'œsophage, dispose de couches

Le mâle de Manchot royal couve son œuf. Il jeûne pendant plusieurs semaines tout en gardant de la nourriture dans son estomac. © Michel Gauthier-Clerc

de cellules capables de sécréter un liquide équivalent à un lait. Ce lait œsophagien donné au poussin est très riche en lipides et en protéines. Des découvertes récentes ont montré que, même si les laits de pigeon et de mammifères avaient évolué de façon complètement indépendante, leurs fonctions étaient devenues très proches. Au-delà du simple apport de nourriture, ce lait permet aussi chez le poussin le développement de son système immunitaire et du microbiote, c'est-à-dire de sa flore intestinale. Cette fonction n'a pas encore été explorée chez le Manchot empereur.

Les mâles de Manchot empereur assurent seuls l'incubation durant un jeûne de 62 à 66 jours. Les femelles reviennent de leur séjour en mer en moyenne 10 jours après l'éclosion. Le mâle peut délivrer au poussin de la sécrétion œsophagienne en attendant le retour de la femelle. La composition sèche de ce nutriment est très riche, avec environ 29 % de lipides, 59 % de protéines et 5,5 % d'hydrate de carbone, ce qui permet au poussin de doubler sa masse corporelle, passant de 300 à 600 grammes en seulement dix jours.

L'estomac possède deux rôles conflictuels chez les manchots : un rôle de digestion, c'est-à-dire de dégradation et d'évacuation de la nourriture vers l'intestin, et un rôle de stockage prolongé pour rapporter de la nourriture au poussin. Cette double fonction implique une grande flexibilité digestive. Chez le Manchot du Cap, il a été montré que la vidange de l'estomac était ralentie, et probablement arrêtée par les adultes reproducteurs à l'aide de la fermeture prolongée du pylore, permettant à l'adulte de garder la nourriture pour le poussin puis de la distribuer en plusieurs fois par régurgitation.

Le Manchot royal présente une stratégie encore différente de celles décrites auparavant. Il est vital pour le poussin nouvellement

À l'éclosion, le mâle peut donner immédiatement de la nourriture qu'il a conservée dans son estomac sans la digérer. © Michel Gauthier-Clerc

éclos de recevoir très rapidement un repas. Le couple se partage la tâche de l'incubation de l'œuf, qui dure environ 54 jours. Le mâle anticipe l'éclosion du poussin plusieurs semaines auparavant. Tout en incubant l'œuf pendant deux à trois semaines, et donc en vivant sur ses graisses, il conserve dans son estomac des aliments, une bouillie de poissons et de calmars, dont le passage dans les intestins est stoppé, les aliments cessant d'être digérés. Bien que la température y soit très élevée, proche de 39 °C, le bol alimentaire ne fermente pas. Une protéine découverte dans l'estomac de ces manchots, la sphéniscine, a des propriétés antibactériennes qui pourraient permettre une telle conservation. Cette adaptation remarquable est interprétée comme une réponse aux longues absences des parents en mer. Les conjoints alternent des périodes à terre pour incuber l'œuf, durant lesquelles ils jeûnent et perdent jusqu'à 40 % de leur masse, et des périodes en mer où ils s'alimentent et reconstituent ces réserves de graisse. Une espèce comme le Manchot royal ne se nourrit pas à proximité de la colonie. Les adultes peuvent aller à plusieurs centaines de kilomètres – entre 300 et 600 kilomètres de distance –, là où les poissons sont abondants. Les Manchots royaux de l'archipel Crozet rejoignent ainsi le front polaire antarctique. Le retour de la femelle coïncide approximativement avec la date d'éclosion. Toutefois, la durée des séjours en mer est très variable en fonction des distances à parcourir et des ressources disponibles. Ces voyages durant deux à trois semaines, il est difficile pour la femelle de synchroniser précisément son retour avec l'éclosion pour un nourrissage rapide du poussin. Ainsi, elle peut revenir plus d'une semaine avant ou plus d'une semaine après l'éclosion. La nourriture conservée pendant des semaines par le mâle représente donc une marge de

Poussin d'Albatros hurleur attendant ses parents partis chercher de la nourriture en mer.
© Michel Gauthier-Clerc

Adulte d'Albatros hurleur. Il transporte dans son estomac de l'huile très riche en énergie pour son poussin, issue de la digestion partielle des proies. © Michel Gauthier-Clerc

sécurité qui permet au poussin de survivre au cas où la femelle serait en retard.

Vers le moment de l'éclosion, la femelle de Manchot empereur revient de son voyage en mer. Après avoir marché plusieurs jours sur la banquise pour rejoindre la colonie, elle nourrit le poussin nouvellement éclos pendant 24 jours en moyenne, grâce à environ 3 kg de nourriture non digérée. Bien que le processus n'ait pas été étudié, ces observations suggèrent indirectement que le Manchot empereur peut totalement arrêter la vidange gastrique et les processus de dégradation de la nourriture, et cela pendant près d'un mois.

Les Procellariiformes, comme les albatros, ont développé une adaptation différente : ils sont capables de produire des huiles stomacales qu'ils régurgitent à leur poussin. Ces huiles sont composées d'une part importante d'acides gras libres qui ne sont pas produits par l'estomac mais par une digestion sélective. La majorité de l'eau contenue dans la nourriture est rapidement évacuée alors qu'une grande partie des lipides reste dans l'estomac pour former cette huile. Celle-ci est un concentré d'énergie, car les lipides présentent une densité énergétique six fois supérieure à celle des proies. Cela permet aux albatros de réduire la masse à transporter tout en accroissant l'énergie fournie au poussin. Comme aucune espèce de manchot ne produit d'huiles stomacales, il a été suggéré que les huiles auraient pu être sélectionnées chez les albatros pour optimiser le vol.

QUELQUES ADAPTATIONS REMARQUABLES

Les manchots ont été très étudiés dans leur milieu naturel en raison d'une panoplie d'adaptations très particulières qui ont fasciné les scientifiques : capacité de rester longtemps sans manger ni boire, de plonger longtemps en apnée, de vivre dans le froid antarctique, longue espérance de vie... Au fur et à mesure des études, de nouvelles adaptations remarquables ont été découvertes, comme la conservation d'aliments dans leur estomac.

Gorfou doré et Gorfou sauteur.
Une colonie est un espace social mais aussi le lieu de fréquentes interactions agressives.
© Laurent Demongin

La crèche

À l'exception du Manchot antipode, toutes les espèces de manchots se reproduisent en colonie. Chez certaines d'entre elles, les poussins se regroupent lorsqu'ils ne sont plus protégés par les adultes, formant ce qu'on appelle une crèche. Ce comportement est particulièrement marqué chez les deux *Aptenodytes*, les Manchots empereur et royal, chez qui la durée d'élevage des poussins est

Le Manchot empereur est la seule espèce capable de se reproduire durant l'hiver antarctique.
© Céline Le Bohec

Chaque adulte de Manchot royal maintient autour de lui un espace avec ses voisins par des coups de bec et d'ailerons. Un poussin passant dans cet espace reçoit de très nombreux coups avant d'arriver à rejoindre d'autres poussins. © Michel Gauthier-Clerc

Poussin de Manchot Adélie. Seul, sa perte d'énergie est beaucoup plus élevée qu'en groupe.
© David Grémillet

plus longue. Parmi les avantages évolutifs du comportement de mise en crèche, c'est-à-dire les raisons pour lesquelles ce comportement a été sélectionné et se maintient au cours des générations, se trouve sans doute la thermorégulation du corps, moins coûteuse en énergie en groupe que seul, et donc une moindre consommation de graisse. L'autre avantage décisif est la défense contre les prédateurs. Ces hypothèses ont été étudiées dans les crèches de Manchots royaux.

Le poussin ne rejoint pas spontanément une crèche. Pendant environ trente jours, les parents de Manchots royaux se relaient pour protéger le poussin et lui apporter à manger. Puis, à un certain moment, l'adulte présent décide de laisser le poussin seul. Le signal qui lui fait prendre cette décision n'est pas connu : peut-être une estimation de la condition physique et de l'autonomie du poussin ; peut-être aussi un compromis entre la survie du poussin et la sienne. Le poussin se retrouve alors seul au milieu d'adultes, qui ne sont pas ses parents et qui protègent leur œuf ou leur propre poussin. Il ne va alors pas spontanément rejoindre une crèche déjà formée. La raison immédiate de sa mise en mouvement hors de sa zone est l'agressivité des adultes qui l'entourent. Les manchots en train de couver un œuf sont particulièrement agressifs à l'égard des autres adultes : en moyenne deux altercations — c'est-à-dire coups d'aileron ou de bec — par minute avec leurs voisins. Lorsqu'ils ont un poussin de plus d'une semaine, leur agressivité augmente, jusqu'à trois altercations par minute. Tant que le poussin est encore accompagné par l'un de ses parents, il subit moins d'un coup d'aileron ou de bec par heure. Dès qu'il se retrouve seul, il écope de plus de deux coups par minute. Dans près de 75 % des cas, ces agressions déclenchent sa mise en mouvement pour y échapper. Le plus difficile commence alors pour lui. Son déplacement au milieu des adultes ne dure guère qu'un peu plus de trente

Crèche de quelques poussins de Manchots royaux à la fin de l'été. L'agressivité entre eux est faible.
© Michel Gauthier-Clerc

secondes mais dans ce laps de temps, il reçoit en moyenne un coup d'aileron ou de bec par seconde. Quand il parvient à s'extraire de cet environnement, il arrive dans 75 % des cas dans un groupe de poussins déjà constitué, une crèche donc, où le niveau d'agressivité est très faible en comparaison : en moyenne un coup toutes les trois minutes. Dans les 25 % restants des cas, le poussin seul rejoint un adulte qui n'est pas l'un de ses parents.

Durant l'automne et l'hiver, les adultes sont moins nombreux dans la colonie et la taille des crèches augmente. © Michel Gauthier-Clerc

Il entre alors en compétition avec le poussin déjà présent et parvient parfois à l'éjecter. Ce scénario dépend de la plus ou moins grande tolérance ou agressivité de l'adulte. L'agressivité envers les poussins étrangers est destinée à éviter à l'adulte de perdre le sien. Le cri du poussin doit normalement lui permettre d'identifier son rejeton. L'agressivité déclenchée est cependant parfois si forte que, dans la confusion, il peut agresser son propre poussin et le perdre.

Les premiers poussins laissés seuls par leur parent sont en général observés dans la première décade de février. Les crèches sont alors petites, mais nombreuses. Les poussins se confinent dans les zones laissées libres par les adultes. Au fur et à mesure du départ de ceux-ci, les crèches deviennent plus grandes et moins nombreuses, marquant le regroupement des poussins. Des centaines de petites crèches de moins de vingt poussins qu'on peut voir en mars et début avril, il ne reste au cœur de l'hiver, en juin, que quelques crèches de plusieurs milliers d'individus.

Une fois dans la crèche, le poussin est à l'abri des agressions des adultes. La crèche n'est cependant pas un espace solidaire et apaisé. Le niveau d'agressivité y est certes faible en comparaison de celui des adultes, mais la fréquence des coups est tout de même de deux à huit par dix minutes, selon les saisons. Même si les poussins acceptent d'être en contact très serré les uns avec les autres, la crèche reste un lieu de forte compétition.

Agressivité d'un adulte de Manchot papou vis-à-vis d'un Manchot royal.
© Michel Gauthier-Clerc

Les poussins les plus grands et lourds sont les plus agressifs — près d'un coup par minute —, alors que les plus petits et maigres le sont moins — à peine un coup toutes les cinq minutes. Ces derniers sont rejetés sur les rangs périphériques de la crèche, alors que les plus grands arrivent à rester au centre. Or, c'est à la périphérie que se produisent le plus de captures par les Pétrels géants. On constate que les petits poussins en périphérie dorment moins, car ils doivent être plus vigilants par rapport à ces prédateurs. L'agressivité a ainsi une importance majeure immédiate dans la formation des crèches et la dynamique des poussins à l'intérieur de celles-ci. Mais cela n'explique pas pourquoi ce comportement, qui se maintient de génération en génération, a été sélectionné. Parmi les explications possibles : la crèche offre un espace moins sujet aux agressions d'adultes non apparentés ; le regroupement améliore

Les différences de taille et de poids sont importantes dans une crèche. Les individus les plus grands sont les plus agressifs et occupent les places centrales mieux protégées des prédaterus. © Michel Gauthier-Clerc

la défense contre les prédateurs ; il offre une meilleure thermorégulation. Lors de conditions climatiques difficiles, en particulier les vents violents et la pluie sur les îles subantarctiques, les poussins se rassemblent en crèches encore plus grandes et tolèrent une plus grande proximité entre eux. Ils se mettent également dos au vent. Les vents très forts et l'humidité très élevée augmentent considérablement la perte de chaleur. La crèche offre un micro-environnement thermiquement plus favorable qui leur permet de minimiser leur dépense énergétique et d'économiser leurs réserves. Cette économie est probablement vitale pendant les longs mois d'hiver durant lesquels les poussins sont très peu nourris par les adultes et risquent d'atteindre des masses critiques pour leur survie. Chez le Manchot papou, les résultats vont également dans ce sens : les crèches permettent aux poussins de diminuer leur dépense énergétique lorsqu'il fait froid et humide.

La « tortue » des Manchots empereurs

Les animaux ont tendance à maintenir autour de leur corps une distance de sécurité que leurs congénères ne franchissent pas, sous peine de déclencher une réaction agressive. Cette mesure présente beaucoup d'avantages, comme celui de permettre le choix de qui a accès ou non à cet espace intime. Elle permet aussi de limiter la transmission de maladies lors d'épisodes contagieux. La distance de sécurité peut être abolie entre conjoints, entre parents et leur progéniture ou dans certains groupes sociaux.

Lors de la reproduction, la colonie de manchots est un espace de rapprochement, mais dans lequel chaque couple garde ses distances. Cet espace de sécurité autour du nid permet aux conjoints de parader, d'échanger l'œuf ou le poussin... Les deux espèces d'*Aptenodytes* n'ont pas de nid et se déplacent avec leur œuf calé sur les pattes. Dans le cas du Manchot royal, l'agressivité est très forte afin de maintenir ses distances avec les autres pendant la couvaison. Le Manchot empereur, lui, a développé une adaptation de son comportement qui abolit les distances de sécurité entre adultes lorsque les conditions météorologiques antarctiques deviennent particulièrement difficiles. Le terme de « tortue » a été donné à ce comportement, en référence à la formation militaire des troupes romaines se regroupant pour se défendre.

Le Manchot empereur est la seule espèce capable de se reproduire durant l'hiver sur le continent Antarctique. Les contraintes majeures pendant cette période sont l'absence d'eau, l'absence de nourriture accessible sur place et des températures extrêmement basses, avec une perte de chaleur par le corps accentuée par des vents violents. L'organisme est alors contraint à de grandes dépenses énergétiques pour conserver son équilibre thermique et continuer d'assurer les processus physiologiques, tel le fonctionnement des enzymes. Le Manchot empereur doit également maintenir son œuf à une température d'environ 35 °C. La gamme de températures de confort, ou de neutralité thermique, est celle dans laquelle l'organisme n'est pas obligé d'évacuer de la chaleur si la température extérieure est plus élevée que celle de son corps ni de produire de la chaleur si cette température est plus basse. Le Manchot empereur est obligé de consommer ses réserves de graisse pour maintenir la température de son corps uniquement lorsque la température extérieure passe en dessous de − 10 °C. Cependant, en terre Adélie, au cœur de la période de reproduction, en juin, le thermomètre affiche en moyenne − 16 °C et les vents sont en moyenne de 35 km/h.

En avril-mai, le couple vit sur ses graisses pendant six semaines, jusqu'à la ponte, puis le mâle enchaîne avec deux mois d'incubation de l'œuf. Il perd 40 % de sa masse,

Adultes de Manchot empereur dans le vent et le froid antarctiques. Ils doivent consommer leurs réserves de graisse pour maintenir la température de leur corps. © André Ancel

passant de 38 à 25 kg, ce qui est une performance physiologique remarquable. Sans le comportement de la tortue, le mâle consommerait trop de graisse pour maintenir la température de son corps et celle de l'œuf. Il atteindrait une situation critique avant la fin de l'incubation et serait obligé d'abandonner son œuf pour aller se nourrir en mer. Les premières études scientifiques estimaient que le plus gros avantage de la tortue est la création d'un microclimat avec une température plus douce : la perte de chaleur du corps est d'autant plus importante que la différence entre température corporelle et température extérieure est grande ; se serrer corps contre corps diminue cette différence, donc la perte thermique et par conséquent la consommation de graisse. Le second

Les Manchots empereurs se serrent les uns contre les autres pour limiter les pertes de chaleur et réduire les surfaces exposées au froid. © André Ancel

avantage est de réduire la surface du corps exposé au froid. Les températures plus douces et cette moindre surface exposée permettraient une réduction de plus de 30 % du métabolisme et donc de la consommation d'énergie. Les résultats scientifiques plus récents ont montré que l'avantage énergétique le plus important provenait de la protection contre le vent. Dans la tortue, les manchots se mettent dos au vent et seuls les adultes en périphérie subissent la déperdition de chaleur provoquée par celui-ci.

Parmi la panoplie d'adaptations des Manchots empereurs figure la capacité de laisser la température de leur corps s'abaisser de quelques degrés lorsqu'ils sont en tortue. Un adulte seul a ainsi une température corporelle de 38 °C, alors qu'au sein

Les Manchots empereurs jeûnent pendant les parades et l'incubation de l'œuf. Ils adoptent le comportement social dit de la « tortue », lors de vents et froids violents, pour économiser de l'énergie. © André Ancel

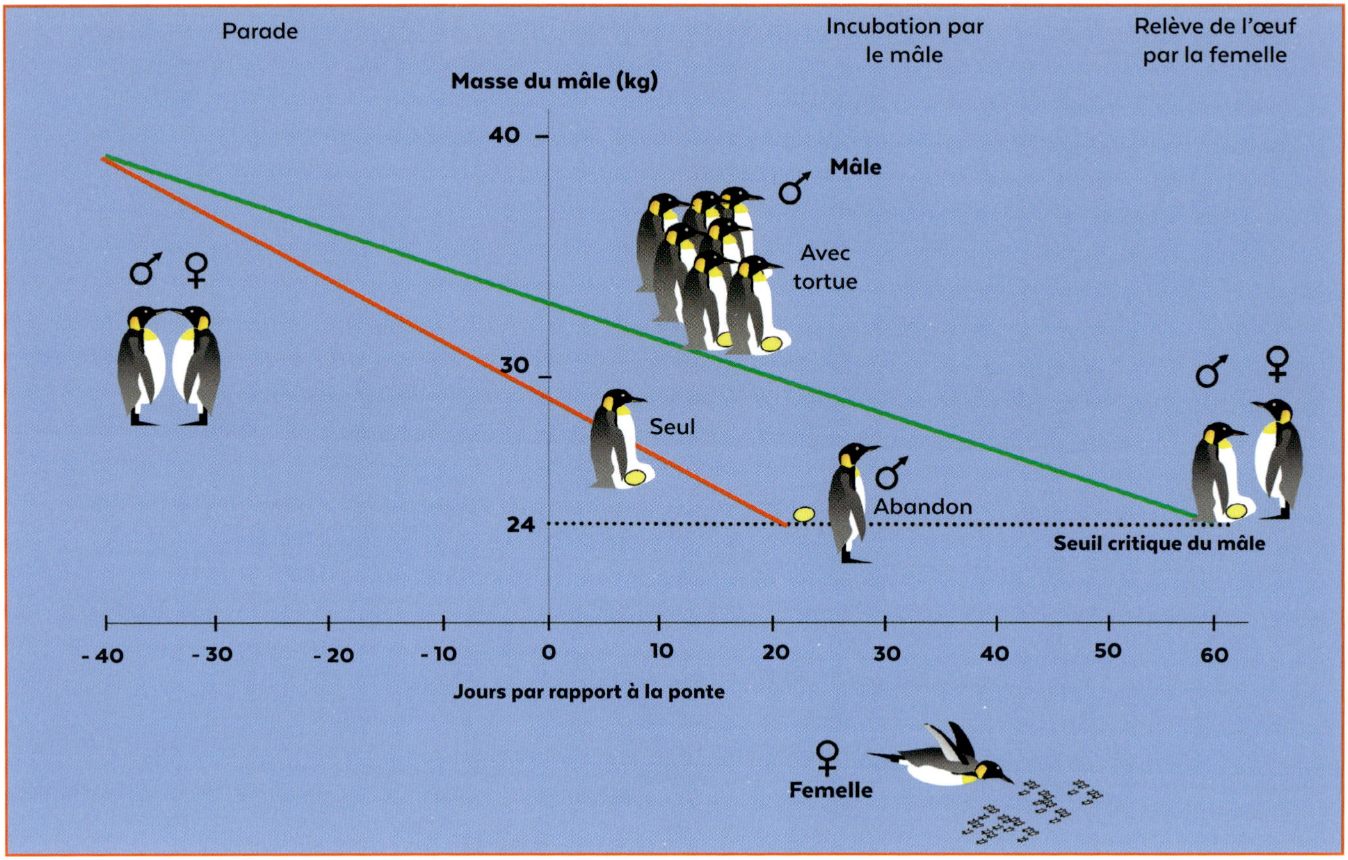

En rouge : un mâle de Manchot empereur incubant seul son œuf maigrit trop vite et doit l'abandonner avant le retour de la femelle. En vert : grâce au regroupement, le mâle économise ses graisses et peut jeûner environ 100 jours. © Michel Gauthier-Clerc

du groupe cette température descend en moyenne à 35,5 °C. Il économise ainsi de l'énergie en diminuant la quantité de chaleur à produire par son corps. Par ailleurs, l'élément clé étant de limiter au maximum la perte de la chaleur produite par le corps, le plumage joue un rôle important : il assure à 80 % la fonction d'isolation du corps. L'assemblage très dense des plumes donne également une forte résistance à la pénétration du vent. Les régions du corps sans plumes, comme les pattes, les yeux et le bec, ou avec très peu de plumes comme les ailerons, sont les zones principales de déperdition. Une étude a montré que dans les conditions antarctiques, c'est-à-dire à une moyenne de − 17 °C, la température du dos et du ventre était de 4 à 5 °C inférieure à la température ambiante en raison du refroidissement par rayonnement. Dans ces conditions, la surface des plumes gagne paradoxalement de la chaleur par convection de l'air ambiant. À l'inverse, les pattes, les ailerons et la tête ont une température jusqu'à 2 °C plus élevée, provoquant une perte de chaleur. Afin de limiter les pertes de chaleur par les extrémités, les manchots possèdent également un système vasculaire particulier, avec la présence d'échangeurs thermiques à contre-courant au niveau des ailerons et des pattes. Une vasoconstriction en périphérie du corps permet en outre de rediriger la chaleur vers les organes profonds, contribuant encore à diminuer les pertes de chaleur et à économiser la consommation des réserves de graisse.

Les hypothèses de base pour comprendre les mouvements au sein d'une tortue sont que les individus de la périphérie tentent de pénétrer à l'intérieur tandis que ceux du centre essaient de rester immobiles. Des simulations par modèles mathématiques ont montré que la force du vent était un paramètre crucial dans le mouvement des Manchots empereurs au sein de la tortue. L'approche individuelle par laquelle chaque Manchot empereur essaie de minimiser ses propres pertes de chaleur amène à des mouvements qui au final donnent un accès assez égal à tous au centre plus chaud de la formation : toutes les 30 à 60 secondes, les manchots effectuent des petits pas qui entraînent des déplacements en chaîne à travers toute la tortue, conduisant à la complète réorganisation des individus en son sein. La durée du comportement de la tortue est relativement courte, des épisodes de 1 h 30 en moyenne. Mais au total, durant l'incubation, les mâles passent environ 38 % de leur temps dans une tortue. Ils sont alors dans leur zone de thermoneutralité, au-dessus de − 10 °C, donc dispensés de produire de la chaleur en brûlant leurs réserves de graisse.

En abolissant les distances corporelles entre eux, les Manchots empereurs cumulent ainsi plusieurs avantages permettant de maintenir la température de leur corps et celle de l'œuf tout en économisant leur stock de graisse. Grâce à ce comportement social, ils peuvent rallonger de plusieurs dizaines de jours la durée de jeûne possible. Sans ce comportement, ils ne pourraient pas attendre le retour de la femelle et devraient abandonner leur œuf. La tortue est donc l'une des adaptations majeures ayant permis à cette espèce d'être la seule capable de se reproduire durant l'hiver antarctique.

Le sommeil

Pendant la majorité de la nuit, les humains dorment d'un sommeil dit lent, les yeux normalement fermés. Au bout d'une à deux heures de sommeil lent, ils passent en sommeil paradoxal pendant dix à quinze minutes, durant lesquelles ils rêvent. Puis le cycle recommence. Les oiseaux possèdent aussi ces deux types de sommeil. Cependant, chez beaucoup d'espèces d'oiseaux dormant le jour, tels que les manchots et les canards, le sommeil est très fragmenté. Leurs paupières s'ouvrent plusieurs fois par minute, parfois plusieurs dizaines de fois par minute.

Même lorsqu'ils sont dans la posture typique du sommeil, le bec sous l'aileron, les manchots continuent d'ouvrir régulièrement les yeux. Lorsque la paupière s'ouvre, l'oiseau est dans un état proche de l'éveil. Il ne dort donc pas plusieurs minutes à la suite, mais de façon très fragmentée. L'hémisphère du cerveau connecté à l'œil ouvert est en éveil, tandis que l'autre hémisphère, connecté à l'œil fermé, dort. On explique cette faculté par la nécessité d'être constamment vigilant pour détecter les dangers éventuels, en particulier l'approche d'un prédateur, afin de réagir immédiatement.

Dans les crèches de Manchots royaux, les poussins situés en périphérie, très exposés à la prédation des Pétrels géants, ouvrent ainsi la paupière en moyenne cinq fois par minute au mois de mai. Cette fréquence augmente encore au cours de l'hiver, avec treize ouvertures par minute en août. Les temps de sommeil qui ont lieu à paupière fermée sont alors en moyenne de moins de quatre secondes. Au contraire, les poussins du centre de la crèche, à l'abri des prédateurs, ont des temps de sommeil plus longs sans vigilance, en moyenne une minute trente : ils ouvrent l'œil seulement une fois toutes les deux minutes. Cela n'a pas encore été beaucoup étudié chez les manchots, mais ceux-ci possèdent probablement, comme beaucoup d'oiseaux, la capacité de présenter un sommeil lent unihémisphérique : un hémisphère cérébral peut être en état de sommeil alors que l'autre est en éveil et surveille l'environnement. Un œil peut être ainsi ouvert et observer tandis que l'autre est fermé, attestant le sommeil d'un des

En posture de sommeil, les manchots ouvrent les yeux plusieurs fois par minute pour surveiller leur environnement. Un hémisphère cérébral peut dormir pendant que l'autre est vigilant. © Michel Gauthier-Clerc

Plus les Manchots empereurs jeûnent, plus ils dorment.
© Céline Le Bohec

Les couleurs vives, notamment le orange, sont des signaux de qualité vers les autres manchots. © Michel Gauthier-Clerc

hémisphères. Le sommeil n'a pas encore pu être étudié en mer. Les canards ont la capacité de dormir sur l'eau tout en dérivant, vérifiant en permanence leur trajectoire et la présence de prédateurs grâce à l'ouverture des yeux. Cela semble tout à fait possible aussi chez les manchots si l'un des hémisphères cérébraux reste en éveil tandis que l'autre dort.

Une des fonctions connues du sommeil est l'économie d'énergie, un avantage supplémentaire dont bénéficient les poussins de Manchots royaux au centre des crèches. Non seulement ils sont moins exposés à la perte de chaleur, mais ils peuvent aussi dormir davantage et économiser ainsi leurs réserves. De même, plus les adultes de Manchots empereurs sont avancés dans leur jeûne, qui dure plusieurs mois, plus ils passent de temps à dormir, ce qui va également dans le sens d'une nécessaire économie d'énergie.

Signaux colorés

Plusieurs espèces de manchots exhibent des couleurs vives, notamment la couleur jaune à orange, sur le bec, les aigrettes, la tête ou la poitrine. Cette couleur est connue chez les oiseaux pour signaler les spécificités de l'individu, comme sa capacité à se reproduire, à donner un poussin le plus apte à survivre ou à élever ce poussin. La production de cette couleur nécessite des caroténoïdes qui sont aussi utilisés, notamment, pour la production de défenses immunitaires contre les agents externes. Plus la couleur est intense, plus elle signale que l'individu dispose d'une bonne immunité, et qu'il dispose donc de grandes qualités liées à la reproduction.

L'intensité de la coloration du bec et de la poitrine, la taille des taches auriculaires orange font partie des signaux soumis à la sélection sexuelle. Chez le Manchot royal,

Taches auriculaire et de la poitrine du Manchot royal.
© Céline Le Bohec

Lors de la parade du couple, l'exposition et l'intensité de la couleur font partie de la séduction chez les Manchots royaux. © Michel Gauthier-Clerc

Le bec du Manchot empereur reflète les rayons ultraviolets.
© Céline Le Bohec

la coloration est moins intense chez les jeunes adultes, ce qui indique que l'intensité de la coloration est un signal de maturité et de statut social. Les Manchots royaux et empereurs ont la particularité, parmi tous les oiseaux marins, d'avoir un bec qui reflète les rayons ultraviolets, effet dû à la structure microscopique des différentes couches qui le structurent. Pour les deux sexes, ces signaux visuels — coloration, réflexion des ultraviolets — fournissent des indications sur l'état physiologique de l'individu : immunité,

Lorsqu'il revient de l'océan, un adulte de Manchot royal doit s'orienter dans la colonie et retrouver son conjoint au milieu de dizaines de milliers d'autres. © Michel Gauthier-Clerc

condition corporelle, stress ou encore métabolisme. Ces signaux sont donc certainement utilisés lors du choix du partenaire sexuel, en particulier au moment de la parade.

La reconnaissance vocale

À nos yeux, les manchots sont physiquement très semblables, même entre mâles et femelles. On peut imaginer que, comme beaucoup d'espèces, ces oiseaux disposent pour se reconnaître de signes distinctifs que nous ne percevons pas. Rappelons que les adultes de Manchots empereurs et royaux ont la particularité de ne pas avoir de nid ni de territoire bien défini, puisqu'ils se déplacent avec leur œuf, puis leur petit poussin calés sur les pattes. Par ailleurs, la banquise, dans le cas des Manchots empereurs — ou une plage dans le cas des Manchots royaux —, n'offre pas ou peu de repères visuels pour s'orienter et retrouver son conjoint. Comme c'est le cas de toutes les espèces formant des crèches, les adultes doivent également retrouver

Enregistrement de voix d'un Manchot Adélie. © Céline Le Bohec

Le poussin de Manchot empereur émet des cris que ses parents sont capables de reconnaître. © Céline Le Bohec

leur poussin au milieu de tous les autres. La reconnaissance visuelle n'est donc pas l'idéal, car dans une colonie, la foule des individus fait écran. Le moyen de contact pour se retrouver et s'identifier utilisé par ces deux espèces, à la fois entre partenaires d'un couple et entre parents et poussins, est donc la voix.

La voix des adultes est structurée en syllabes répétitives. Chaque syllabe comprend des modulations d'amplitude avec un large spectre de fréquence. Le Manchot empereur comme le Manchot royal ont la possibilité de

Les poussins de Manchots royaux sont mobiles dans la colonie. Ils retrouvent leurs parents grâce au chant que ceux-ci émettent, propre à chaque individu. © Michel Gauthier-Clerc

produire de chaque côté de leur syrinx une voix composée de deux sons sur deux bandes de fréquence très différentes, qui peuvent être émis soit indépendamment soit simultanément. Ce signal complexe constitue un codage individuel permettant aux manchots de s'identifier.

La difficulté est de parvenir à s'entendre dans l'environnement très bruyant créé par les cris et chants de milliers de leurs semblables. Le niveau sonore en lisière d'une colonie dépasse en général les 70 décibels. Pour surmonter ce problème, les manchots s'efforcent d'abord de se rapprocher le plus possible de la zone recherchée, notamment en bordure des crèches lorsqu'il s'agit de nourrir un poussin qui doit reconnaître son parent et venir à lui.

Un signal se dégrade dans son amplitude et son intensité au fur et à mesure de la distance parcourue et des obstacles rencontrés. Ainsi, un poussin de Manchot royal ne devrait pas

Adultes de Manchot royal chantant dans le brouhaha d'une colonie. © Michel Gauthier-Clerc

L'adulte de Manchot royal chante et son poussin crie, ce qui leur permettent de s'identifier. © Michel Gauthier-Clerc

pouvoir reconnaître ses parents à plus de 8 ou 9 mètres. Or, le son à deux fréquences a la particularité de mieux résister à la dégradation lorsqu'il se propage à travers les obstacles créés par le corps des autres manchots. Le poussin parvient à entendre et à reconnaître ses parents à plus de 11 mètres, et jusqu'à 18 mètres. Pour se faire entendre, l'adulte se rapproche de la crèche où son poussin est censé se trouver pour l'appeler. Cela implique cependant que le poussin n'ait pas changé trop sensiblement de secteur au sein de la colonie ; il a pu être amené à se déplacer, par exemple lors d'attaques de Pétrels géants ou de trajets d'exploration. Pour retrouver leur zone au sein d'une colonie, les poussins de Manchots royaux peuvent s'orienter à l'aide de repères visuels. Il a été montré qu'ils n'utilisent pas le magnétisme. En revanche, les environnements sonores de la colonie leur donnent des indications sur la direction à suivre pour revenir près de leur zone.

La voix des adultes de Manchots royal et empereur permet non seulement une identification individuelle, mais est également adaptée à l'environnement bruyant et comportant de très nombreux écrans formés par les autres manchots. Ce système de codage individuel très élaboré et qui résiste à la dégradation du signal a dû évoluer avec la perte de territorialité chez ces deux espèces.

La difficulté de suivre les manchots en haute mer n'a pas encore permis de collecter beaucoup d'informations sur la communication entre eux dans ce milieu. Cependant, une étude sur des Manchots papous équipés de caméras et d'enregistreurs audio a permis de découvrir qu'ils émettent des cris en mer. Ces cris proviennent surtout d'individus isolés et semblent avant tout destinés à établir le contact avec des congénères afin de se regrouper pour effectuer ensemble des trajets en mer.

Le Manchot du Cap est capable de sentir le sulfure de diméthyle en mer, marqueur des zones productives. © David Grémillet

Lorsque les ressources se font rares, les Manchots de Humboldt utilisent leur odorat pour trouver de nouveaux secteurs de pêche. © Céline Le Bohec

La perception des odeurs

On imagine les oiseaux peu aptes à percevoir et utiliser les odeurs. Cela tient surtout au peu d'investigations sur le sujet. Quelques équipes dans le monde s'y sont intéressées, et l'importance de l'odorat chez de nombreuses espèces se dévoile progressivement. Les capacités d'olfaction pour détecter la nourriture en mer ou leur site de nidification sont maintenant bien connues chez les albatros et les pétrels.

Les études ont montré que plusieurs espèces de manchots étaient capables de détecter le sulfure de diméthyle. Ce composé odorant est produit par le phytoplancton, en particulier lorsqu'il est consommé par le zooplancton. Il est donc un très bon indicateur des zones océaniques productives où les proies peuvent être abondantes. Durant les épisodes d'El Niño, les ressources deviennent

Une colonie de manchots dégage un mélange très fort d'odeurs qui pourrait permettre aux manchots de s'orienter dans l'océan pour la rejoindre. © Michel Gauthier-Clerc

rares et les Manchots de Humboldt se servent des vents pour détecter les zones encore propices à l'aide du sulfure de diméthyle. Les capacités de détection de ce gaz ont aussi été mises en évidence chez les Manchots du Cap, les Manchots royaux et les Manchots à jugulaire. Ces espèces appartiennent à trois genres différents, ce qui laisse supposer que cette capacité est très répandue chez les manchots.

D'autres utilisations de l'odorat sont en train d'être mises en évidence : les Manchots de Humboldt sont capables, par l'odeur des plumes, de faire la différence entre des individus qu'ils connaissent ou non, et même entre des individus qui ont ou non un lien de parenté avec eux.

Les recherches en cours chez les Manchots royaux pourraient, à terme, montrer que ceux-ci sont capables de localiser, depuis la haute mer, la position de leur colonie grâce au mélange d'odeurs émanant des fèces et des plumes, qui leur permet ainsi de s'orienter dans les vastes étendues océaniques. De fait, on ne sait pas comment les manchots, au milieu de nulle part, à plusieurs centaines de kilomètres d'une île, parviennent à y retourner à la nage en coupant au plus court. Les trajets des manchots suivis par satellite ne montrent pas d'individus ratant leur île et faisant demi-tour. Ils semblent utiliser un système de géolocalisation capable de leur donner leur position immédiate et de recalculer constamment leur trajectoire, d'autant plus nécessaire qu'ils subissent aussi des dérives en raison des courants océaniques, dont la vitesse et l'orientation varient.

Parmi les autres hypothèses à confirmer, les manchots, pour retrouver leurs zones de reproduction, pourraient s'orienter au sein de la colonie dans un paysage d'odeurs quand les indices visuels ne sont pas suffisants, avant d'utiliser leur voix dans les quelques dizaines de

Les Manchots empereurs pourraient s'orienter sur la banquise pour revenir à leur colonie grâce à l'odeur des fientes, des cadavres et des plumes. © Céline Le Bohec

Ce Manchot royal ayant épuisé ses réserves fait face à un dilemme : abandonner son œuf et échouer sa reproduction ou continuer de jeûner et mettre sa propre survie en danger. © Michel Gauthier-Clerc

mètres finaux pour se signaler à leur conjoint ou à leur poussin. Enfin, ils pourraient aussi utiliser une fiche d'identité olfactive pour se reconnaître individuellement comme le font beaucoup de mammifères.

Le jeûne de longue durée

Les manchots possèdent une endurance hors du commun quand il s'agit de rester sans manger ni boire — et ce, pour certaines espèces, pendant plusieurs mois. Ils peuvent passer d'un état de maigreur avancée à l'obésité, reconstituant rapidement d'importantes réserves de graisse, puis recommencer à jeûner. Pourtant, malgré ces épisodes critiques, on n'observe pas de cas d'adultes morts d'épuisement faute de nourriture tandis qu'ils étaient en train de couver leur œuf.

Il n'est pourtant pas rare qu'un manchot ait épuisé ses réserves de graisse avant que sa partenaire ne soit revenue prendre le relais de la couvaison. Abandonner son œuf est une décision difficile, car sur cet œuf a été focalisé tout l'effort de l'adulte : accumulation de réserves, retour à pied à la colonie (dans le cas des Manchots empereurs), formation du couple...

Les deux cas de jeûne les plus longs sont ceux des mâles de Manchot empereur et de Manchot royal durant la première phase d'incubation. Comment le mâle sait-il que, s'il continue à jeûner, il mettra en jeu sa survie ?

Manchot Adélie jeûnant tout en luttant contre le froid. © David Grémillet

Depuis les zones d'eau libre, les Manchots empereurs doivent effectuer de longues marches sur la banquise pour rejoindre leur colonie. © Céline Le Bohec

Afin de ne pas dépasser un seuil critique pour sa survie, le Manchot empereur doit avoir une marge dans ses réserves énergétiques qui lui permette de rejoindre à pied une polynie, souvent située à plus de 100 kilomètres. © David Grémillet

Il ne peut pas prévoir quand la femelle va revenir, cela peut être dans une heure, un jour, une semaine... Abandonner l'œuf, c'est devoir attendre une année de plus avant d'avoir une nouvelle possibilité d'élever un poussin. Un Manchot royal ne se trouve qu'à quelques dizaines de mètres de la mer et peut donc s'alimenter rapidement, sans avoir à marcher ou nager longtemps, même si les ressources abondantes sont à de plus grandes distances. Pour le Manchot empereur, la problématique est différente : il doit anticiper une longue marche sur la banquise afin de rejoindre une polynie, marche qui peut dépasser les 130 kilomètres comme dans le cas de la colonie de terre Adélie. Il doit donc décider d'abandonner son œuf en prévoyant une marge énergétique lui permettant d'accomplir ce trajet.

Durant le jeûne de l'incubation, les mâles vivent sur leurs réserves de graisse, c'est-à-dire sur des lipides, et peu sur les muscles qui fournissent des protéines. À partir d'un certain seuil de consommation de ces réserves graisseuses, le métabolisme du manchot change ; il se met à consommer de plus en plus de protéines. Chez le mâle de Manchot empereur, ce changement s'accomplit alors qu'il dispose encore d'assez de graisse pour marcher plus de 150 kilomètres, c'est-à-dire la réserve nécessaire pour atteindre une polynie et donc de la nourriture. Il est probable qu'un neuropeptide soit alors secrété par l'hypothalamus pour stimuler la faim au niveau du cerveau.

S'il abandonne la reproduction, le Manchot royal a un accès immédiat à l'océan et des proies.
© Michel Gauthier-Clerc

En parallèle, l'hormone du soin parental diminue. Le stimulus de la faim l'emporte ainsi sur le stimulus de la reproduction, et déclenche le départ du mâle et l'abandon de son œuf. Le signal déclenchant l'abandon se situe autour d'un poids de 24 kg chez le mâle de Manchot empereur et de 9 kg chez le mâle de Manchot royal. À ce seuil, tout est encore réversible, ils reconstituent leurs réserves dès qu'ils sont à même de se réalimenter, survivent et peuvent se reproduire l'année suivante. Ce signal physiologique agit ainsi comme une garantie de survie pour l'adulte.

Les cas d'abandon de l'œuf par le mâle de Manchot royal sont liés à un retard de la femelle. En règle générale, le mâle

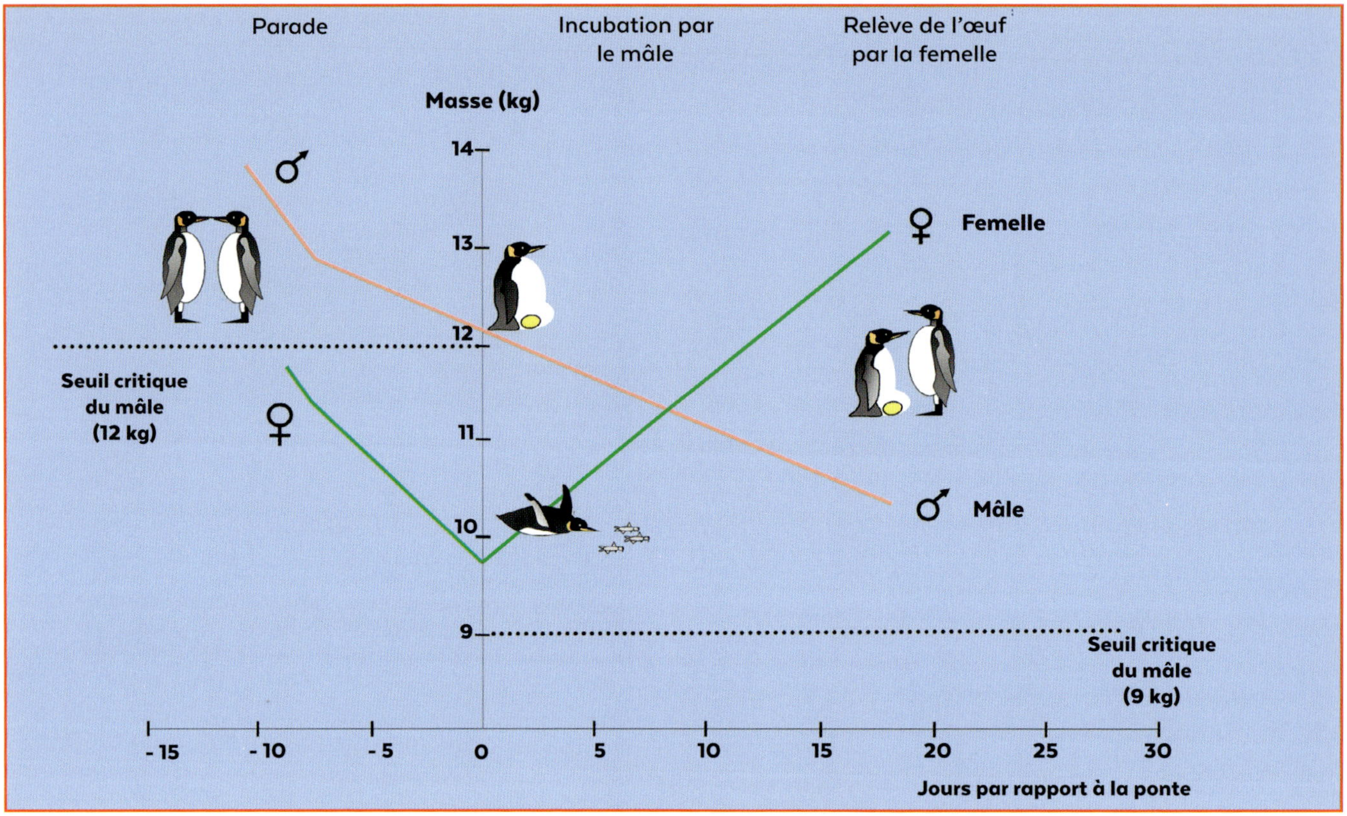

Succès du début de l'incubation chez le Manchot royal
Le mâle se met en couple avec une marge suffisante de graisse et peut jeûner un mois. La femelle se nourrit en mer pendant deux à trois semaines, puis relaie le mâle pour continuer à couver l'œuf. © Michel Gauthier-Clerc

pèse 12,9 kg lorsqu'il se met en couple. À la fin de son jeûne d'incubation d'environ 18 jours, lorsqu'il est relayé par sa femelle, il ne pèse plus que 10,3 kg. Il dispose encore d'une marge d'environ 1 kg de graisse qui lui aurait permis d'attendre un peu plus longtemps si besoin était. Le problème existe lorsque le mâle se met en couple avec un poids inférieur à 12 kg. Il ne disposera alors d'aucune marge si la femelle revient un peu plus tard que prévu. Il existe d'autres seuils de réserves de graisse chez les manchots qui déclenchent des comportements de départ de la colonie. S'il est en dessous de 12 kg lors de la formation du couple, le mâle fait face à une alternative : soit s'engager dans la reproduction mais sans marge de sécurité, soit repartir en mer compléter ses réserves de graisse et prendre le risque de se reproduire plus tard dans la saison, lorsque les ressources marines seront en déclin.

L'élevage du poussin de Manchot royal dure dix mois. Mais, dès l'âge de trois mois, celui-ci est très peu nourri par ses parents en raison des faibles ressources de proies en mer : les adultes

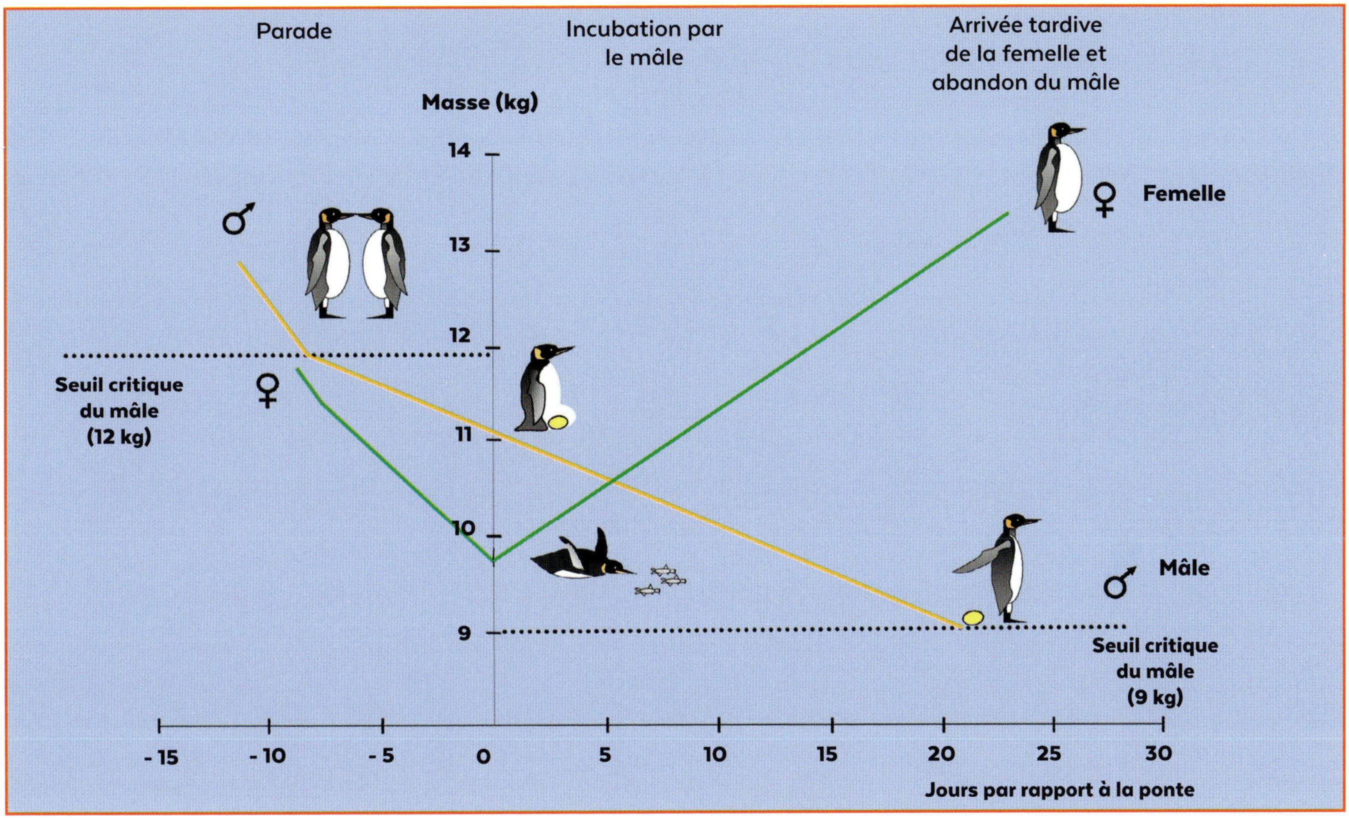

Échec du début de l'incubation chez le Manchot royal
Le mâle se met en couple sans marge de sécurité de graisse si la femelle est en retard à son retour de l'océan. La femelle revient plus de trois semaines après la ponte. Le mâle a du abandonner l'œuf pour préserver sa propre survie. © Michel Gauthier-Clerc

privilégient alors leur propre survie plutôt que celle de leur poussin. Ce dernier subit alors des jeûnes hivernaux longs de plusieurs mois, durant lesquels il peut perdre les trois quarts de ses réserves de graisse. Une grande partie des jeunes n'y résistent pas et meurent de faim. Économiser de l'énergie est donc pour le poussin un enjeu vital. Il le fait dans les crèches, où il est mieux protégé du vent et de l'humidité, donc des pertes de chaleur. Il est également capable de laisser chuter la température de son corps : l'intérieur de son thorax peut ainsi descendre à 30 °C au lieu de la température normale de 37,8 °C. Cette température plus basse peut être maintenue longuement. Sur vingt-quatre heures, la température thoracique peut ainsi être en moyenne de 33 °C. Maintenir la température de son corps est très coûteux en énergie. Cette adaptation par baisse de la température permet de diminuer la production de chaleur nécessaire et préserve de précieuses réserves de graisse pour survivre au long jeûne hivernal.

Crèche de Manchots royaux à St Andrews Bay en Géorgie du Sud. Les adultes restent en mer durant l'hiver et les poussins doivent jeûner.

Les manchots ingèrent de grandes quantités de sel contenu dans l'eau de mer. Il est éliminé grâce à des glandes spéciales. © Laurent Demongin

L'alimentation du poussin renferme beaucoup de sel qu'il doit éliminer pour conserver son équilibre physiologique. © Michel Gauthier-Clerc

Éliminer le sel marin

Les manchots passent la majorité de leur vie en mer, sans accès à l'eau douce. De plus, ils ingèrent des quantités importantes de sel lorsqu'ils capturent et avalent leurs proies. Une trop forte concentration de sel pourrait entraîner un choc osmotique, c'est-à-dire un déséquilibre interne de l'organisme. Pour éviter cela, les manchots possèdent des glandes à sel très développées, situées sur le haut du crâne, au-dessus de la cavité de l'œil. Ces glandes sont entourées d'un dense réseau capillaire qui filtre le sel du sang, et sont reliées par un canal aux narines. Elles se mettent en action lorsque le manchot ingère de l'eau de mer ou des proies très salées, lui permettant ainsi d'éliminer les ions de chlorure et de sodium en excès dans son sang. Le manchot excrète ce liquide très concentré en sel par les narines. Ces glandes filtrent encore plus efficacement et rapidement le sel que les reins. Le poussin reçoit lui aussi une alimentation très salée, et ses glandes sont fonctionnelles dès l'éclosion.

Nager et plonger économiquement

Les manchots sont des nageurs remarquables, capables de parcourir de longues distances. Ils utilisent dans l'eau leurs ailerons aux os plats comme un oiseau volant utilise dans l'air le battement de ses ailes. Or, l'eau est plus dense que l'air et, à une vitesse de 2,5 m/s, il faut deux fois plus d'énergie pour nager sous

Le corps des manchots est adapté à un hydrodynamisme optimal. © Gilles Cauvin

Otarie d'Amsterdam dans l'archipel Crozet. Les mammifères et les oiseaux marins ont développé des adaptations similaires à la nage, comme les ailerons des manchots et les nageoires des otaries. © Michel Gauthier-Clerc

l'eau qu'en surface. La contrainte physique de l'eau a induit, par la sélection naturelle, une anatomie externe similaire chez l'ensemble des manchots, en particulier leur corps fuselé, adapté à un hydrodynamisme optimal. Soumis aux mêmes contraintes physiques, le corps des manchots a évolué de façon convergente vers des adaptations anatomiques analogues à celles des dauphins, des otaries ou des thons, par exemple.

La traînée est une force qui s'exerce sur toute la surface du corps et s'oppose au mouvement du nageur dans l'eau. Elle est cinq fois inférieure si le manchot nage à une profondeur au moins trois fois supérieure au diamètre de son corps. Les Manchots Adélie ont un diamètre maximum de 16 cm et nagent à environ 90 cm sous la surface, c'est-à-dire bien en dessous de la couche d'eau dans laquelle la traînée est maximale. Lorsqu'ils effectuent leurs longs voyages en mer pour rejoindre les zones où ils se nourrissent, les manchots nagent dans cette couche à moins d'un mètre pendant plusieurs dizaines de secondes, puis remontent brièvement à la surface pour prendre de l'air avant d'enchaîner avec une nouvelle phase de nage sous l'eau. La vitesse moyenne de transit est variable, de 1 à 2 m/s chez le Gorfou doré et le Gorfou de Schlegel, 3 m/s chez le Manchot royal. Les manchots adoptent parfois le comportement de marsouinage. Au lieu de simplement remonter à la surface pour respirer, ils effectuent des sauts hors de l'eau, ce qui augmente encore leur vitesse. Le Manchot Adélie peut ainsi atteindre une vitesse de 2,8 m/s au lieu d'une moyenne de 2 m/s en transit. Cependant, la nage normale est déjà assez rapide sans que le marsouinage offre un réel avantage d'économie d'énergie. Sur les grands parcours des manchots, ces sauts ne représentent d'ailleurs que quelques pour cents de la

Adulte de Manchot Adélie.
© Céline Le Bohec

Gorfou doré (à gauche) et Gorfou de Schlegel (à droite).
© Michel Gauthier-Clerc

distance parcourue. Ils sont principalement pratiqués à proximité des côtes, au départ ou au retour à la colonie. Ceci suggère que l'avantage du marsouinage n'est pas l'économie d'énergie, mais l'augmentation de la vitesse pour éviter les prédateurs, Orques épaulards et Léopards des mers qui patrouillent près des côtes.

Les manchots, et parmi eux les Manchots empereur et royal, sont les oiseaux les plus performants pour plonger : ils peuvent atteindre des profondeurs de plusieurs centaines de mètres. Dans cet environnement très particulier, ils font face à de fortes contraintes : une luminosité très faible à nulle, une pression très forte sur le corps et enfin le manque d'oxygène. En effet, le système respiratoire des oiseaux ne leur offre pas la capacité, comme aux poissons, de capter l'oxygène dissous dans l'eau et les manchots doivent aller chercher leur oxygène dans l'air. La capture d'une proie nécessite donc une gestion de l'oxygène permettant de couvrir le temps de descente, le temps de poursuite et de capture de la proie, et le temps de remontée à la surface pour respirer. Par ailleurs, les longues plongées nécessitent de rester plus longtemps à la surface pour refaire le stock d'oxygène. Les manchots doivent choisir entre profiter du temps utile passé sous l'eau pour y capturer leurs proies et la nécessité de remonter pour s'approvisionner en oxygène et évacuer le dioxyde de carbone. Une plongée profonde de Manchot empereur comprend ainsi 4 minutes de descente pour atteindre 400 mètres de profondeur, 2 minutes de chasse et 2 minutes pour remonter. La décision de remonter à la surface ou de rester sous l'eau serait liée non pas au temps passé en plongée ou à la profondeur, mais à l'effort fourni, mesuré en nombre de battements d'ailerons. Les Manchots empereurs seraient

Marsouinage d'un Manchot royal, dont la fonction principale est probablement d'échapper aux prédateurs à proximité des côtes.
© Michel Gauthier-Clerc

ainsi capables d'estimer le cumul de la charge de travail effectuée et la quantité d'air nécessaire pour tenir jusqu'à la remontée en surface. La limite provoquant la décision de remonter se situerait autour de 255 battements d'ailerons effectués.

Durant la majorité des plongées, les manchots restent sur un fonctionnement aérobie, utilisant l'oxygène pour fournir l'énergie nécessaire à l'effort des muscles en action et au fonctionnement du système nerveux central et du cœur. Cependant, certaines espèces, comme les deux *Aptenodytes,* dépassent la limite aérobie lors de plongées particulièrement longues. Leur stock d'oxygène étant épuisé, l'organisme passe par une autre voie métabolique pour produire l'énergie nécessaire au fonctionnement des muscles, la voie anaérobie lactique, qui utilise du glucose. L'inconvénient majeur de cette voie métabolique est qu'elle provoque l'accumulation de lactates dans l'organisme : le manchot devra les éliminer en consommant beaucoup plus d'oxygène une fois revenu à la surface. Il lui faudra donc récupérer plus longtemps et attendre avant de replonger de nouveau.

La physiologie de la plongée des manchots a été très étudiée, mais beaucoup reste encore à comprendre. Parmi les mécanismes qui permettent d'économiser de l'oxygène

Orques en chasse en bordure de côtes.
© Michel Gauthier-Clerc

durant la plongée, une diminution de la fréquence cardiaque et une gestion de la circulation sanguine ont été mises en évidence. La fréquence cardiaque au repos du Manchot empereur est en moyenne de 73 battements par minute. Tant que la plongée reste dans les limites aérobies, le rythme cardiaque augmente à 83 battements par minute. Lorsque le manchot dépasse la limite de plongée aérobie, la fréquence cardiaque diminue alors à 41 battements par minute. Si la plongée se prolonge, la fréquence diminue encore. Une fréquence de 6 battements par minute a déjà été mesurée lors des dernières minutes d'une plongée de 18 minutes. La fréquence cardiaque n'est pas corrélée à la fréquence de battements des ailerons, et il s'agit bien d'une gestion du stock d'oxygène restant au fur et à mesure que le temps s'écoule. Revenu à la surface, le manchot doit consommer une grande quantité d'oxygène pour éliminer les lactates accumulés. Un Manchot empereur, de retour à la surface, a dépassé une fréquence cardiaque de 250 battements par minute, nécessaire pour amener rapidement beaucoup d'oxygène dans l'organisme.

L'économie de la consommation d'oxygène se fait aussi en diminuant l'arrivée de sang dans certaines parties du corps grâce à la vasoconstriction, c'est-à-dire la réduction du diamètre des vaisseaux sanguins, avec priorité donnée à celles indispensables au fonctionnement de l'organisme. La diminution de l'apport sanguin provoque une baisse de température locale. Ainsi, la température dans l'abdomen d'un Manchot royal peut descendre à 17 °C alors que son thorax ou son foie resteront à la température normale de 39 °C.

Et tant d'autres adaptations...

Les manchots présentent encore une très grande panoplie d'autres adaptions à leur environnement si particulier — la résistance au froid, la vision, l'anatomie... — qui ne seront pas décrites en détail ici. Certaines sont d'ailleurs encore incomplètement élucidées, d'autres ne sont tout simplement pas étudiées.

Ces oiseaux sont capables d'une très bonne vision à la fois dans l'air et dans l'eau. L'anatomie de leur œil comprend entre autres une cornée plate, une lentille sphérique et certains pigments visuels qui leur permettraient de s'adapter au passage entre les deux milieux. À grande profondeur, la lumière est extrêmement faible. Les Manchots royaux sont un cas particulier, car ils sont spécialisés dans la chasse des poissons-lanternes qui sont bioluminescents, ce qui doit probablement les aider à les détecter et les capturer. Mais dans tous les autres cas, on ne sait pas encore comment les proies sont détectées à grande profondeur, dans une obscurité quasi totale.

Les poussins de manchots passent rapidement d'une vie terrestre à une vie aquatique. Le poussin de Manchot royal vit dix mois dans sa colonie. À terre, il doit être capable de courir très vite pour échapper aux Pétrels géants. Puis, au printemps, en quelques semaines, il mue, son plumage devient aquatique et il subit une transformation de son anatomie, passant à une locomotion aquatique. À terre, il ne sera désormais plus capable de courir rapidement, mais adoptera un dandinement pour se déplacer.

La limitation de la perte de chaleur est une clé dans le cycle de plusieurs espèces. La conductivité de l'eau est plus de vingt fois supérieure à celle de l'air, ce qui provoque des pertes thermiques importantes. Plusieurs espèces de manchots vivent pourtant en permanence aux abords de la banquise et nagent dans des eaux à moins de 0 °C. Dans ces eaux, la survie d'un humain ne dépasse pas quelques minutes ; les manchots parviennent pourtant à maintenir la température de leur corps autour de 39 °C. Les plumes jouent en cela un rôle déterminant par leur densité très forte, leur très faible conductivité de la chaleur et l'existence de plusieurs couches de structures différentes. La densité du plumage chez le Manchot empereur est ainsi supérieure à dix plumes par centimètre carré. Les réserves de graisse forment également une couche isolante supplémentaire. À terre, une couche d'air — très mauvaise conductrice — entre la peau et les plumes fournit une isolation supplémentaire.

Une densité très grande de plumes et une couche d'air assurent une isolation importante et limitent les pertes de chaleur. © Michel Gauthier-Clerc

MENACES
ET CONSERVATION

On a l'habitude de classer les menaces mondiales sur la biodiversité en quelques grandes composantes : la surexploitation des espèces, la modification des habitats, les changements du climat, les espèces exotiques envahissantes et l'usage généralisé de molécules artificielles, comme les intrants chimiques, les pesticides, les antibiotiques... Les manchots n'échappent à aucune de ces menaces, mais ils y sont exposés à divers degrés. Ainsi, certaines espèces vivant sur quelques îles sont particulièrement vulnérables à l'introduction d'espèces nouvelles. Dépendant de la circulation des courants océaniques et, pour certaines espèces, de la glace, les manchots sont particulièrement exposés aux modifications des conditions climatiques.

Prélèvements volontaires et risques d'extinction

Comme pour de nombreuses espèces de vertébrés dans le monde entier, le prélèvement direct et sans limite par les humains a été la principale cause d'un déclin rapide des manchots durant le XIXe siècle. Si la destruction par la chasse reste de nos jours une des causes majeures de l'extinction ou du déclin de certaines espèces animales, les manchots en ont été protégés assez rapidement. À partir de la seconde moitié du XXe siècle, il n'existait quasiment plus de prélèvements d'adultes ni d'œufs. En Tasmanie, les Manchots pygmées étaient toutefois encore très souvent utilisés dans les années 1960 comme appâts pour capturer des langoustes. Cette pratique est désormais rare. Le prélèvement d'œufs de Manchot papou persiste de façon légale et

Observation à distance d'une colonie de Manchot empereur par une scientifique.

© Céline Le Bohec

contrôlée dans les îles Malouines pour la consommation personnelle des habitants.

Deux espèces de manchots se sont éteintes depuis le XVe siècle : le Gorfou de Chatham et le Manchot de Waitaha. Trois espèces ne comptent actuellement plus que quelques milliers de couples : le Manchot antipode, le Manchot des Galápagos et le Gorfou du Fiordland. Ils sont à leurs plus bas effectifs connus, et courent le risque d'extinction en cas d'événement brutal, ou à plus long terme si leur démographie n'était pas suffisante.

La reproduction des manchots en parc zoologique est maîtrisée depuis des dizaines d'années et ces populations permettent de poursuivre les missions éducatives autour de ces espèces et de leurs habitats. Les parcs zoologiques ont pour fonction de maintenir des populations avec une diversité génétique suffisante pour conserver des espèces en voie d'extinction, qui sont à disposition, si nécessaire, pour des programmes de renforcement ou de réintroduction. La dépression de consanguinité survient quand la reproduction se fait entre individus trop apparentés, et que les capacités de leurs descendants à s'adapter aux changements ou de se reproduire décroissent. Or, jusqu'à présent rien ne serait susceptible de montrer que ce seuil aurait été franchi et qu'il n'y aurait plus assez de diversité génétique dans les populations sauvages.

Concernant le Manchot antipode, il a été montré que la conservation de cette espèce doit être différente pour ses deux populations, subantarctique et de Nouvelle-Zélande, car elles ont très peu d'échanges entre elles, avec une différenciation génétique mesurable, et sont dépendantes d'habitats océaniques différents.

Destruction des habitats à terre

C'est la menace principale pour le Manchot antipode en Nouvelle-Zélande, en raison de la fragmentation, voire de la destruction des forêts côtières où il s'installe pour nicher en couples isolés. Le Manchot pygmée est lui aussi très exposé à la disponibilité de ses lieux de reproduction. Ses colonies se trouvent néanmoins en majorité sur des îlots mieux protégés des prédateurs et des dérangements que la terre ferme. Des mammifères herbivores introduits, comme les lapins et les ovins aux îles Malouines ou Kerguelen, ont cependant détruit les habitats des manchots ou provoqué des effondrements de terrain sur l'île Macquarie.

Le Pérou a fait fortune au milieu du XIXe siècle dans l'exploitation du guano, c'est-à-dire des excréments d'oiseaux. Le pays extrayait le guano produit par les grandes colonies d'oiseaux marins tels que Pélicans thages, Fous variés, Cormorans de Bougainville, Sternes incas et Manchots de Humboldt. Le guano a d'abord été exploité par couches, comme dans les mines. Entre 1851 et 1872, dix millions de tonnes ont été prélevées sur les seules îles Chinchas. Les oiseaux étant

La récolte des fientes d'oiseaux marins comme celles des Manchots de Humboldt a fait la fortune du Pérou au XIXe siècle. © Rene Quispe

dérangés ou chassés, le stock ne parvenait plus à se renouveler, et, en 1910, seulement 23 000 tonnes furent récoltées, ce qui amena à la décision de protéger les sites. Le Manchot de Humboldt avait cependant déjà très fortement décliné. Sa disparition était due à l'exploitation de son habitat, car les manchots creusent leur terrier de nidification dans le guano même. Le guano était aussi récolté en Afrique du Sud et Namibie dès les années 1840, provoquant d'importants dérangements sur les colonies de Manchots du Cap.

Le Pérou est redevenu, dans les années 2000, le premier producteur au monde d'engrais à base de guano. En 2010, la production a de nouveau dépassé 20 000 tonnes. L'exploitation du guano a été rationalisée par un système de mise en jachère et une rotation des dizaines de sites exploités. L'exploitation moderne du guano reste cependant, comme au XIXe siècle, une menace pour les Manchots de Humboldt. Elle détruit leurs habitats de reproduction et provoque du dérangement. La présence

Albatros fuligineux à dos clair. Les albatros sont victimes des hameçons sur les lignes de pêche sur lesquels ils s'accrochent.
© Michel Gauthier-Clerc

de mineurs en nombre augmente aussi la probabilité d'introduction d'espèces prédatrices, comme le rat et le chien.

Morts accidentelles

Les Manchots pygmées sont régulièrement victimes des voitures. Ils sont nocturnes et doivent parfois traverser des routes côtières pour rejoindre leurs terriers, au point que certaines colonies ont décliné en raison du nombre important de collisions. D'autres colonies ont également subi l'impact d'incendies.

En 1990, les manœuvres d'un avion militaire au-dessus de l'île Macquarie ont provoqué une panique et la mort par asphyxie (écrasement) de plusieurs milliers de Manchots royaux.

Selon une estimation, 600 000 oiseaux marins meurent chaque année en raison des lignes et filets de pêche. Les albatros et pétrels sont victimes de la méthode de pêche dite « pêche à la palangre », qui consiste à

Les filets maillants font peser une menace importante pour plusieurs espèces de manchots à faibles effectifs, comme le Manchot de Humboldt et le Manchot antipode. Les manchots ne les voient pas, s'y emmêlent et se noient. © Michel Gauthier-Clerc

poser des lignes sur lesquelles sont fixées des cordes munies d'un hameçon. Les oiseaux périssent en se prenant à l'hameçon lorsqu'ils essaient de happer le poisson qui y est accroché. Les deux tiers de la mortalité, soit environ 400 000 oiseaux marins, sont cependant dus aux filets à mailles tendus sous l'eau. Les oiseaux plongeurs — cormorans, guillemots, eiders et manchots - s'emmêlent dans les mailles qu'ils ne voient pas sous la surface et se noient. Les rapports montrent qu'au moins 14 espèces de manchots, dont les rares Manchots antipode et des Galápagos, ont déjà été concernés par le danger que constitue le matériel de pêche, en premier lieu les filets à mailles mais aussi les filets tirés par les chalutiers. La principale menace est

Couple de Magellan devant leur terrier à New Island, dans les îles Malouines.
© Laurent Demongin

Manchot du Cap en chasse sur un banc de poissons. Avant la mise en place de zones protégées, des centaines mourraient dans les filets maillants au large de l'Afrique du Sud. © Alistair McInnes

l'usage des filets maillants dont les fibres sont difficilement visibles sous l'eau. Des centaines de Manchots du Cap ont ainsi été victimes des filets maillants autour des îles Dassen et Robben, en Afrique du Sud, jusqu'à ce qu'une zone d'exclusion de la pêche soit créée à partir de 2001.

D'après une évaluation récente, les populations de trois espèces sont encore tout particulièrement menacées par les filets : le Manchot de Humboldt et le Manchot de Magellan en Amérique du Sud, et le Manchot antipode en Nouvelle-Zélande. Entre 1991 et 1996, 1 500 Manchots de Humboldt auraient péri de cette manière. Ils se prennent principalement dans les filets destinés à la capture des poissons des genres *Seriola* et *Corvina*. Les accidents se produisent lorsqu'ils se reposent la nuit en mer ou lorsqu'ils se rapprochent des bancs d'anchois le jour. L'impact reste sous-estimé, car il est difficile d'avoir un suivi de ces morts accidentelles en mer. Celles-ci sont aussi souvent cachées et politiquement sensibles. Plus de 10 000 bateaux seraient en action de nos jours au large des côtes péruviennes. Les Manchots de Magellan sont également capturés par les chalutiers qui tractent leurs filets le long des côtes argentines. Des centaines d'adultes périssent dans le golfe de San Jorge, sur la côte atlantique au sud-est de l'Argentine. L'impact réel n'est pas connu, car les oiseaux meurent aussi au large lors de leurs voyages pour s'alimenter ou lors de leurs migrations automnales et hivernales. Le Manchot antipode, dont les effectifs sont très réduits, est l'espèce la plus menacée. Si ce facteur n'est pas la cause principale de son déclin, il se surajoute aux autres et augmente le risque d'extinction de l'espèce. Il ne reste que quelques milliers d'adultes, et la mortalité induite par ces filets, entre quelques dizaines de victimes avérées par an et plusieurs centaines potentielles, affecte leur démographie.

Des méthodes relativement efficaces ont été développées pour limiter l'impact des hameçons sur les albatros et les pétrels ; des solutions techniques restent encore à développer dans le cas de celui des filets à mailles sur les manchots. Les solutions en cours de test consistent à augmenter la taille des mailles et la visibilité des filets sous l'eau pour les oiseaux plongeurs, par exemple grâce à des mailles blanches dans les parties hautes des filets. Des tests sont menés aussi sur la diffusion d'alertes sonores dissuasives et la pose de lumières à LED sur les filets. Ces solutions cherchent à concilier la présence des manchots et l'activité économique de la pêche. L'autre approche, à l'efficacité immédiate, serait la création de zones protégées où la pêche soit interdite, ce qui protègerait à la fois les stocks de poissons et leurs prédateurs. Cette mesure est demandée en urgence en Nouvelle-Zélande par les scientifiques pour sauver le Manchot antipode.

Exploitation pétrolière

Bien que l'impact des énergies fossiles soit connu, l'exploitation pétrolière ne donne aucun signe de déclin. Plusieurs espèces de manchots ont leurs populations principales dans des zones d'exploitation pétrolière, ou des zones de transit des navires de transport pétrolier. Lorsque du pétrole s'échappe en mer, par accident ou volontairement — mais illégalement — lors du dégazage de navires, le plumage des oiseaux marins qui entrent en contact avec la nappe d'hydrocarbures perd son pouvoir isolant. La mortalité est

Opération de sauvetage des Manchots du Cap mazoutés lors de la marée noire d'avril 2000 en Afrique du Sud.
© Lee Underhill

Manchot du Cap mazouté. Il perd le pouvoir isolant de son plumage, ne peut plus se nourrir et s'intoxique en se nettoyant. © Lee Underhill

alors importante, car ils ne peuvent plus s'alimenter et entrent en hypothermie. Ils s'intoxiquent aussi en tentant de nettoyer leur plumage.

Et les accidents pétroliers sont très réguliers. Entre 1968 et 2000 se sont produites 14 marées noires dans les eaux sud-africaines, lieu de passage des navires entre l'océan Indien et l'océan Atlantique. En avril 2000, un navire transportant des minerais et faisant route du Brésil vers la Chine a fait naufrage près de la ville de Cape Town, lâchant dans l'océan plus de 1 000 tonnes de pétrole à proximité d'une des principales populations de Manchots du Cap. Les oiseaux étaient en pleine période de reproduction, avec déjà des poussins à nourrir ; très rapidement, de nombreux adultes s'échouèrent sur les côtes, incapables de rejoindre leur colonie. Le centre local de réhabilitation des oiseaux marins fut vite débordé et fit appel au réseau international des zoos et à l'aide de milliers de volontaires. Une opération de sauvetage d'une ampleur inédite fut mise en place : 47000 manchots furent recueillis pour être nettoyés et plus de 19000 déplacés vers d'autres sites, hors d'atteinte de la nappe de pétrole. Au-delà de ces crises aiguës, la pollution reste chronique le long des côtes de l'Afrique du Sud. Le centre de réhabilitation a réussi à développer des méthodes permettant d'élever les œufs et poussins abandonnés par leurs parents en cas de pollution.

Les exemples sont malheureusement nombreux. Même si l'incident est de courte durée, son impact est de très long terme car il tue de nombreux adultes. En 1995, le navire *Iron Baron* s'échouait, relâchant des centaines de tonnes de mazout au large de la Tasmanie. Près de 2000 Manchots pygmées australiens furent recueillis pour tenter leur sauvetage. L'efficacité des techniques de nettoyage et de réhabilitation reste cependant encore limitée. Avec plusieurs années de recul, des analyses démographiques estiment que 25000 manchots seraient morts à la suite de cette marée noire.

L'archipel de Tristan da Cunha abrite plus de 80 % de la population mondiale du Gorfou de Moseley. En 2011, un cargo s'est échoué sur l'île Nightingale, dans l'Atlantique Sud, laissant s'échapper plus de 1 500 tonnes de fuel et de pétrole brut. Les rares habitants de ces îles isolées se mobilisèrent. Ils organisèrent le transfert des gorfous mazoutés sur l'île de Tristan da Cunha, à plus de 30 kilomètres de là, et 3 700 adultes furent réhabilités et relâchés. On ignore toutefois leur taux de survie après cette opération.

La pollution au pétrole est un fléau permanent. Dans les années 1980, une étude estimait que plus de 20000 adultes et 22000 juvéniles du Manchot de Magellan étaient susceptibles de mourir chaque année de la pollution au pétrole le long des 3000 kilomètres de côtes argentines. Cette pollution chronique de l'océan est toujours d'actualité en raison des rejets par les bateaux, au large et autour des ports, ainsi qu'aux abords des zones d'exploitation. Les forages pétroliers autour des îles Malouines ont commencé en 1998 et, dès les premiers mois, des centaines de manchots, notamment papous, périrent de contamination par des fuites de pétrole.

Le changement du climat

Le changement du climat est perçu principalement comme un réchauffement de l'air sous l'effet des gaz à effet de serre. Si l'on ne prend en compte que ce paramètre,

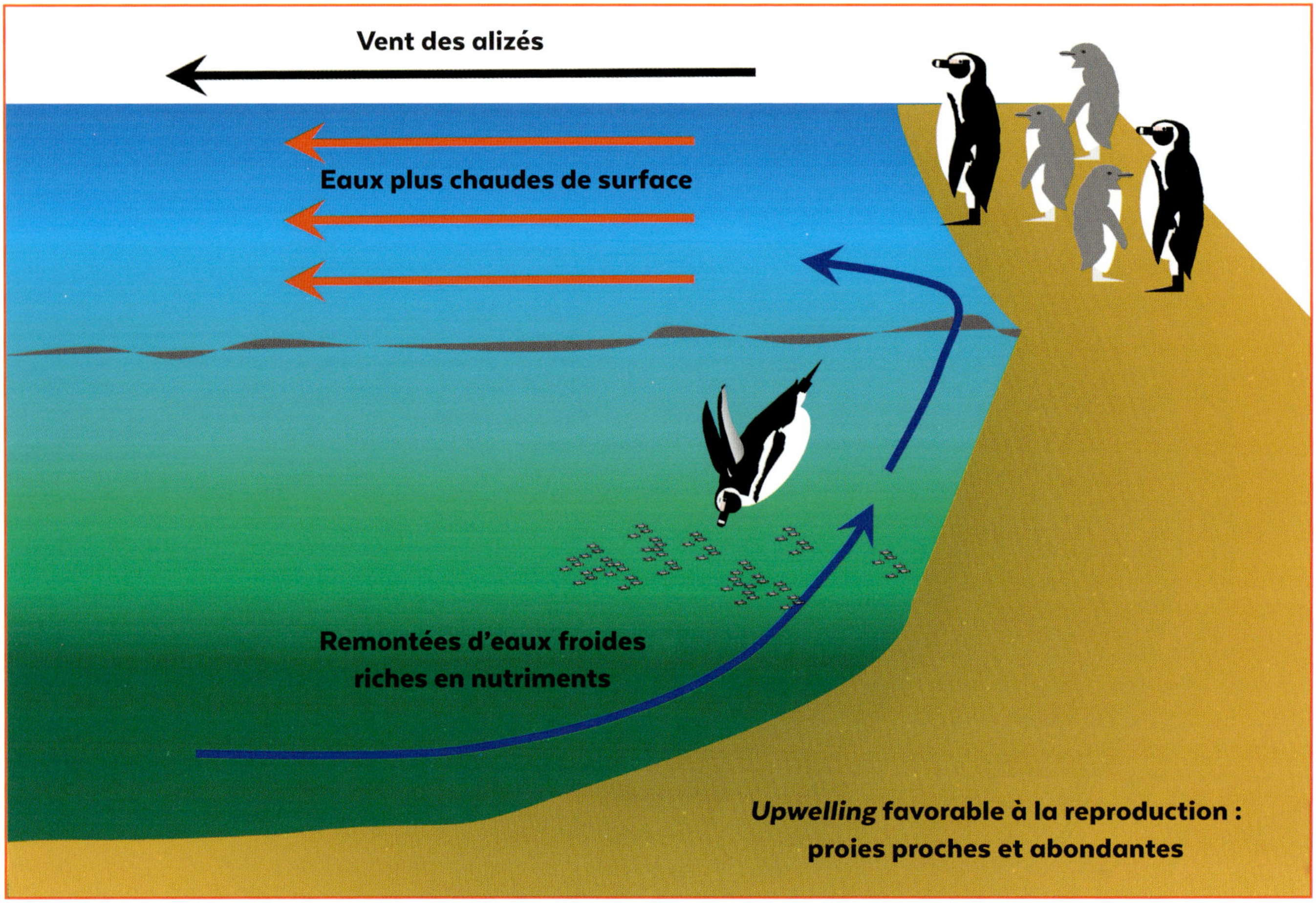

Sur la côte pacifique de l'Amérique du Sud, les alizés créent un mouvement de remontée d'eaux froides favorables à l'abondance des proies des manchots qui peuvent se reproduire. © Michel Gauthier-Clerc

les manchots devraient être modérément sensibles à l'augmentation de la température de l'atmosphère, qui ne les concerne vraiment que lors des phases passées à terre pour se reproduire. Nombre d'espèces se reproduisent déjà sous des climats tempérés à tropicaux — en Amérique du Sud, Australie, Nouvelle-Zélande — et disposent des adaptations nécessaires pour se thermoréguler lorsque les températures s'élèvent. Cette élévation pourrait toutefois être plus problématique pour les espèces antarctiques et subantarctiques, dont les températures de confort sont plus basses. Cela pourrait les amener à consommer beaucoup d'énergie pour évacuer de la chaleur, notamment lors des longues phases d'incubation. Cela reste cependant des spéculations en l'absence d'études précises.

Le changement du climat s'exprime de façon très marquée dans les océans, qui sont

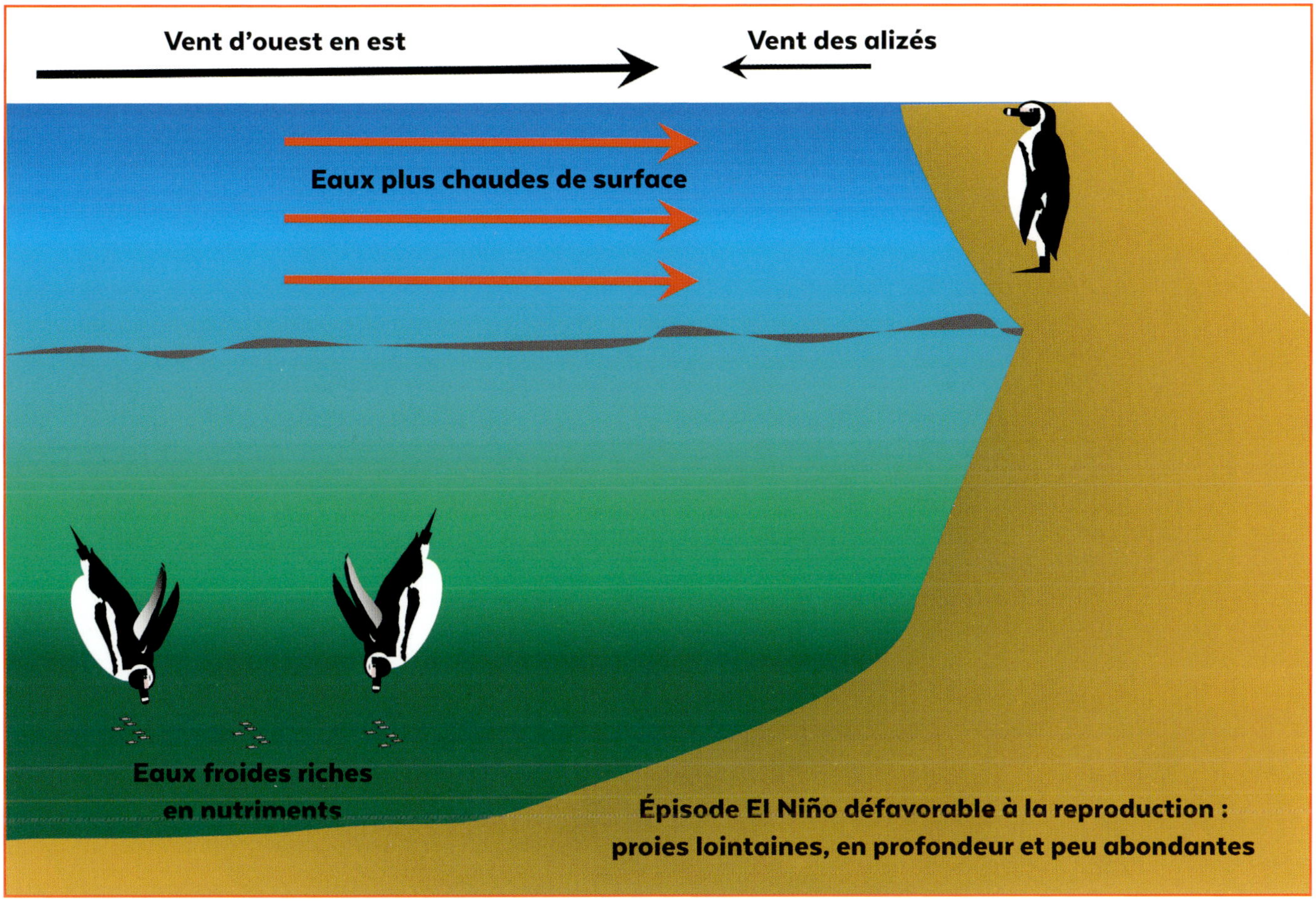

Lors d'épisodes El Niño, les manchots ne peuvent plus se reproduire. En raison de l'arrivée d'eaux plus chaudes, leurs proies sont rares et lointaines. © Michel Gauthier-Clerc

le cœur de l'habitat des manchots. Océans et atmosphère sont intimement liés par des cycles complexes. Les océans régulent le climat. Ils stockent et transportent la chaleur du soleil, et modifient ainsi les températures de l'atmosphère. Ils sont aussi la source des régimes de précipitations. L'augmentation des températures atmosphériques provoque un stockage plus important de chaleur dans les océans qui, en conséquence, se réchauffent, et ce phénomène entraîne toute une cascade d'effets sur l'ensemble des océans et de l'atmosphère.

La circulation des masses d'eau océaniques, la vitesse et la localisation des courants se modifient avec les températures. La production primaire d'un secteur océanique, assurée en majorité par le phytoplancton, dépend des températures de l'eau — des températures au pluriel, car il s'agit d'un étagement de masses

Le rare Manchot de Humboldt est menacé par l'augmentation de la fréquence des épisodes d'El Niño qui l'empêchent de se reproduire. © Céline Le Bohec

d'eau, de la surface jusqu'aux grandes profondeurs. Les zones de remontées d'eaux froides riches en nutriments, ou *upwelling*, sont très productives et induisent la constitution d'un réseau alimentaire : zooplancton, crustacés, poissons, céphalopodes et, en prédateurs finaux, mammifères et oiseaux marins, dont les manchots. La localisation de ces zones se modifie également, elles peuvent même s'atténuer ou disparaître durant certaines périodes, privant ainsi les manchots de ressources.

La hausse des températures des océans provoque par ailleurs une dilatation accrue des eaux, donc une hausse de leur niveau le long des côtes. Cette hausse est accentuée par la fonte des calottes glaciaires au Groenland et en Antarctique, due aux températures atmosphériques plus élevées. Certaines zones côtières servant d'habitats aux manchots sont particulièrement exposées à cette hausse du niveau marin. Le risque est particulièrement élevé lors des tempêtes qui submergent plus facilement les colonies.

Le courant de Humboldt transporte les eaux froides antarctiques le long de la côte pacifique de l'Amérique du Sud. La productivité océanique, notamment en anchois, n'est pas constante et dépend des vents marins qui influent sur les remontées d'eaux profondes. Le phénomène El Niño est dû, à l'origine, à des modifications de pressions atmosphériques au-dessus de l'est du Pacifique, qui ralentissent les vents des alizés. Ces derniers, en temps normal, créent un mouvement de déplacement des eaux chaudes et de remontée des eaux froides chargées de nutriments. Lors des phases d'El Niño, les remontées d'eaux froides sont ralenties ; les poissons, dont les anchois, se trouvent alors à plus grande profondeur, non accessibles aux manchots. Les Manchots des Galápagos, dont les effectifs sont déjà très faibles, sont particulièrement exposés aux phénomènes El Niño. L'espèce est adaptée à ces aléas climatiques, qui se déroulent régulièrement depuis des milliers d'années, et elle est suffisament flexible pour se reproduire à n'importe quel moment de l'année, voire plusieurs fois si les conditions sont favorables. Le problème actuel est l'augmentation de la fréquence d'El Niño, qui diminue d'autant leurs possibilités de se reproduire. Les populations de Manchot de Humboldt subissent le même effet d'El Niño, avec parfois une forte mortalité des adultes obligés de migrer à plusieurs centaines de kilomètres pour trouver des proies.

Les changements océaniques en cours sont très rapides, de l'ordre de quelques dizaines d'années — une à quelques générations de manchots —, un laps de temps trop bref pour imaginer une sélection progressive de manchots adaptés à ces nouvelles conditions. La capacité d'adaptation de ces animaux longévifs dépendra des limites de leurs adaptations physiologiques et comportementales déjà existantes. Durant leur histoire au cours des derniers millénaires, les manchots semblent s'être surtout adaptés en changeant de zone plutôt qu'en développant de nouvelles capacités. Les modèles permettant de prédire ce qui pourrait se passer pour ces espèces restent encore très incertains et sujets à débat, étant donné le nombre de facteurs dont l'estimation reste encore peu précise. L'interrelation de nombreux paramètres — courants océaniques, atmosphère, prédateurs, proies, compétiteurs... — rend les scénarios compliqués à établir. Les prédictions se fondent beaucoup sur les effets constatés de nos jours lors d'anomalies, comme des températures océaniques plus élevées, des couvertures de banquise faibles, ou reconstituées d'après les répartitions et les effectifs des manchots lors d'épisodes plus chauds de ces derniers siècles et millénaires.

Le Manchot du Cap pourrait subir fortement le changement climatique. Les anchois et sardines ont déjà changé de distribution,

Le Manchot du Cap est dépendant pour se nourrir du courant d'eau froide du Benguela et pourrait être menacé par le réchauffement des océans. © David Grémillet

en réponse à la modification des températures des eaux de surface. La position des remontées d'eaux froides qui alimentent le courant du Benguela au large de la Namibie a également été très variable durant ces dernières décennies. Un changement des températures océaniques modifiera la circulation de ce courant d'eaux froides et, en conséquence, l'abondance et la localisation des proies des manchots.

De l'autre côté de l'Atlantique, les Manchots de Magellan subissent directement les effets d'oscillations climatiques qui devraient continuer de s'accentuer dans les décennies à venir. Le réchauffement des eaux modifie la production de phytoplancton et, en conséquence, l'abondance en petits poissons pélagiques. Les manchots doivent parcourir de plus grandes distances pour s'alimenter, ce qui diminue leur succès reproducteur.

Colonie de Manchot royal sur l'île de la Possession dans l'archipel Crozet.
© Michel Gauthier-Clerc

Cela peut même aller jusqu'à toucher fortement la survie des adultes. En 2008, des milliers de Manchots de Magellan sont morts durant l'hiver, du nord de l'Argentine au nord du Brésil. Les modifications du climat incluent également une augmentation de la fréquence des événements extrêmes. La réserve de Punta Tombo, située sur la côte atlantique en Argentine, accueille une des plus grandes populations de Manchots de Magellan. Les tempêtes entraînent une mortalité importante de leurs poussins.

Si les zones riches en proies se trouvent de plus en plus loin de leurs sites habituels de reproduction, une réponse possible des manchots est de se déplacer vers des terres plus proches de ces zones. Ceux qui se reproduisent sur des îles isolées ont beaucoup moins de flexibilité à cet égard. Lors du dernier maximum glaciaire, il y a environ 20 000 ans, la banquise aurait progressé jusqu'aux îles subantarctiques comme l'archipel Crozet ou la Géorgie du Sud, stoppant la circulation océanique autour du continent Antarctique et l'accès à la nourriture. Exemple d'un scénario de flexibilité possible, les Manchots royaux auraient réussi à se maintenir en migrant vers le nord pour se réfugier jusqu'au Chili ou en Nouvelle-Zélande. Nous sommes actuellement dans le cas inverse, celui d'un réchauffement des eaux. Prenons le cas des Manchots royaux de l'archipel Crozet, qui abrite plus de 50 % de leurs populations. Ils sont très dépendants, durant le printemps et l'été, du front polaire antarctique, une zone océanique très productive située à plusieurs centaines de kilomètres au sud de leurs colonies. Il est prédit une augmentation de 2 °C de la température de surface de l'océan d'ici la fin du XXIe siècle. La distance à parcourir pour accéder au front polaire antarctique pourrait ainsi doubler. Dès les années 1990, des effets du phénomène El Niño, prenant naissance dans le Pacifique Sud, avaient été mis en évidence chez les Manchots royaux jusqu'à Kerguelen et Crozet. Au niveau du front polaire antarctique, les températures dans la colonne d'eau ont été modifiées. Le zooplancton dont se nourrissent les poissons-lanternes s'est raréfié. Les poissons-lanternes, proies principales des Manchots royaux, se sont déplacés à plus grande profondeur. Les Manchots royaux ont dû plonger en moyenne 60 mètres plus profond, ce qui représente une dépense énergétique supplémentaire significative. Lors de ces phases de réchauffement des eaux océaniques, non seulement les Manchots royaux doivent nager plus loin vers le sud, mais ils doivent aussi plonger plus profondément.

Depuis les années 2010, les effets du réchauffement sur les manchots ont pu être précisés. En été, une élévation de la température de surface de la mer à proximité de l'archipel Crozet provoque immédiatement une chute du succès reproducteur des adultes. L'explication est que les ressources alimentaires sont insuffisantes pour que

Lors du réchauffement des eaux océaniques,
les Manchots royaux doivent nager plus au sud.
© Michel Gauthier-Clerc

ceux-ci reconstituent leurs réserves de graisse tout en rapportant suffisamment souvent de la nourriture au poussin. L'hiver est la période la plus critique pour les adultes, durant laquelle se produit la majorité de leur mortalité. Une augmentation hivernale de seulement 0,26 °C de la température de surface de la mer, au niveau de la limite de la banquise, se traduit deux ans plus tard par une baisse de 9 % de la probabilité de survie des manchots adultes. Une des adaptations des animaux pour répondre au changement climatique est de se déplacer vers de nouveaux habitats favorables. Pour se nourrir, les Manchots royaux parviennent déjà à rallonger leurs voyages en mer de plusieurs centaines de kilomètres vers le sud. Même si leur succès reproducteur moyen est plus faible, une part de la population parvient à élever un poussin. Il est cependant estimé que si le front polaire antarctique était situé en été à plus de 700 kilomètres des colonies, les manchots ne pourraient plus se reproduire. Une possibilité serait qu'ils aillent

Île de l'Est vue depuis l'île de la Possession, dans l'archipel Crozet. Les modèles actuels prédisent une disparition des Manchots royaux de ces îles d'ici 2100.

© Michel Gauthier-Clerc

La régression de la banquise est une menace pour le Manchot empereur. © Céline Le Bohec

se reproduire plus au sud. Les Manchots royaux se reproduisent actuellement sur quelques petites îles subantarctiques. Mais il n'y a que l'océan entre ces îles et le continent Antarctique. L'étape suivante serait donc pour eux d'aller s'installer sur le continent Antarctique, qui ne leur est pas encore favorable en raison d'une large bande de banquise durant l'hiver les empêchant de rejoindre leur poussin. Il faudrait aussi que les Manchots royaux réussissent à s'adapter en seulement quelques dizaines d'années, soit quelques générations. Dans les différents scénarios climatiques actuels, les Manchots royaux vont disparaître des îles Crozet et des

Lors des phases de réchauffement, les adultes de Manchots royaux ramènent moins souvent de nourriture à leur poussin et leur succès diminue. © Michel Gauthier-Clerc

Les Manchots Adélie profitent, dans certaines zones antarctiques, de la fonte de la glace sur les côtes où ils installent leurs colonies.
© Céline Le Bohec

îles du Prince Edward, au sud de l'Afrique du Sud, d'ici 2100. Dans le scénario le plus pessimiste, ils pourraient disparaître aussi de l'archipel des Kerguelen, mais s'installer sur l'île Bouvet et les îles Sandwich du Sud en raison de la régression de la banquise qui libérerait des zones d'alimentation.

Les espèces antarctiques pourraient sembler les plus exposées à l'augmentation des températures. Cependant, les conséquences de cette hausse sont variées et entraînent des avantages comme des désavantages. On pourrait considérer que les espèces aimant les zones glacées pour se reproduire, comme le Manchot empereur, vont décliner, et celles l'évitant, comme le Manchot Adélie, vont augmenter. Mais cela ne tient pas compte de la majorité de leur cycle annuel, qui se déroule en mer. La localisation et l'abondance de proies telles que le krill dépendent d'une

Certaines populations de Manchot Adélie devraient décliner, d'autres augmenter suite au changement du climat.
© Céline Le Bohec

surface de banquise suffisante durant l'hiver. La péninsule Antarctique connaît actuellement les plus fortes hausses de température dans le monde : plus de 5 °C par rapport aux moyennes hivernales. Les Manchots Adélie et papou sont capables de se reproduire plus tôt lorsque les températures sont plus élevées. Le Manchot Adélie recherche des zones rocheuses et est contraint par une trop forte couverture de glace à terre ou de banquise côtière lors de sa reproduction. Dans un premier temps, la fonte de la glace, découvrant des zones rocheuses, semble lui avoir été propice. Mais le changement du climat aurait alors franchi un seuil qui ne lui serait plus favorable à cause de ses trop grandes conséquences, probablement marines. Les évolutions des effectifs reproducteurs sont très différentes selon les colonies. Cependant, un grand nombre de colonies devraient décliner d'ici 2060. Dans les différents scénarios climatiques, les Manchots Adélie pourraient néanmoins toujours avoir à disposition des zones refuges sur le continent, comme les mers de Ross et d'Amundsen.

Il a été avancé que le Manchot à jugulaire pourrait être l'un des bénéficiaires du changement climatique, car il vit en eaux libres et évite la banquise, contrairement au Manchot Adélie. Pourtant, ses populations déclinent actuellement fortement. Les Manchots à jugulaire pourraient en réalité être une des espèces les plus sensibles au climat par son action indirecte sur le krill. La péninsule Antarctique a déjà subi une augmentation de 5 à 6 °C de ses températures, qui a réduit la couverture de glace de mer. Une moindre couverture de glace entraîne une diminution de la production des algues qui y sont associées et qui sont aussi la source de nourriture hivernale des larves de krill. Les Manchots à jugulaire verraient ainsi leurs ressources en krill décroître, ce qui est particulièrement risqué au moment critique où l'immature, parce qu'il est inexpérimenté, ne peut se nourrir convenablement.

Le Manchot papou, lui, est très flexible et opportuniste dans son régime alimentaire. Il se reproduit en Antarctique comme sur les îles subantarctiques. Il est également capable de coloniser de nouveaux sites et de nicher en petites colonies. Le Manchot papou pourrait ainsi être moins exposé au changement du climat, étant plus souple dans sa répartition et dans ses proies. Actuellement, l'espèce semble répondre favorablement au réchauffement en colonisant des habitats plus au sud. Les Manchots Adélie et jugulaire sont en revanche très dépendants du krill et n'ont pas la flexibilité du Manchot papou pour se reporter sur d'autres proies.

Manchot jugulaire (à gauche) et Manchots Adélie. © Céline Le Bohec

La régression de la banquise et les changements de la disponibilité en proies pourraient entraîner une chute de 50 % des populations de Manchots empereurs d'ici 2050. © Céline Le Bohec

Des Manchots empereurs installent leurs colonies sur des plates-formes de glace placées sur le continent et non plus sur la banquise, ce qui pourrait les aider à faire face au changement climatique. © Céline Le Bohec

La taille des populations de krill pourrait être le facteur principal qui explique l'évolution des effectifs des Manchots jugulaire et Adélie. Ces espèces ont fortement augmenté à partir de la fin du XIXe siècle après l'élimination par la chasse de leurs concurrents pour le krill : baleines, otaries et phoques. Ils déclinent maintenant en même temps que le krill sous l'effet du climat. Et l'impact du changement climatique sur le krill est très fort. Dans la mer de Scotia, dans l'Atlantique Sud, certaines prédictions suggèrent qu'il y a 25 % de probabilité que le stock de krill atteigne son seuil d'épuisement. À cela s'ajoute depuis peu une pression par les pêcheries sur cette ressource. Il n'y a actuellement pas encore de modèle qui propose comment concilier pêcheries et conservation des oiseaux et mammifères marins qui en dépendent.

Le Manchot empereur dépend de la présence de la banquise sur laquelle il s'installe pour se reproduire. Il doit aussi parcourir de longues distances à pied pour rejoindre des eaux libres et se nourrir. La réduction de la banquise pourrait lui être favorable si la distance à parcourir à pied diminuait. Cependant, sa faible épaisseur entraînerait sa fragilité et elle pourrait se disloquer avant que les poussins ne soient assez autonomes pour pouvoir nager en mer. Les colonies situées au nord du 70e degré sud pourraient disparaître et, au total, la population de Manchots empereurs diminuer de moitié d'ici 2050. D'ici 2100, les populations auraient une probabilité de 36 % de décliner de plus de 95 %, c'est-à-dire d'être proches de l'extinction. La banquise va continuer à régresser avec le changement climatique, et les Manchots empereurs sont déjà aux limites sud de la planète, avec peu de marge pour changer de sites de reproduction. Cependant, très récemment, deux nouvelles colonies ont été découvertes qui utilisent les plates-formes de glace sur le continent et non pas la banquise. Deux autres colonies, selon l'année, utilisaient soit la banquise soit les plates-formes. Trois de ces quatre colonies se trouvent dans les secteurs les plus septentrionaux et aux températures les plus douces. Cette nouvelle stratégie de reproduction s'affranchissant de la banquise pourrait présager d'un avenir plus optimiste pour les Manchots empereurs.

Concurrence avec les pêcheries

Certaines espèces sont mises en concurrence avec la pêche industrielle internationale par l'exploitation de leurs ressources. Les manchots ont besoin de pêcher dans des zones très productives, surtout durant leur période de reproduction. Ces zones sont également ciblées par les bateaux de pêche commerciale, car ce sont les plus rentables. C'est le cas aux Malouines où les populations de Manchots papous et de Magellan, ainsi que de Gorfous sauteurs, ont très fortement décliné après le développement de la pêche industrielle, avec jusqu'à 90 % de perte de leurs effectifs initiaux. Les Manchots papous, plus souples dans leur régime alimentaire, ont réussi à s'adapter

Adulte de Gorfou sauteur.
© Michel Gauthier-Clerc

Pêche de la Légine australe *Dissostichus eleginoides* dans les eaux subantarctiques de Kerguelen et Crozet.
© Gilles Cauvin

en changeant de proies et leurs populations ont pu de nouveau augmenter. Les autres espèces en sont restées à de faibles effectifs, probablement contraints par la concurrence de la pêche sur le stock de leurs proies. En Namibie et en Afrique du Sud, les Manchots du Cap subissent eux aussi la compétition de la pêche industrielle aux anchois et sardines. Les stocks de sardines se sont ainsi effondrés dans les années 1960, remplacés entre autres par les anchois, plus pauvres énergétiquement.

De larges secteurs restent peu exploités par les bateaux en raison des distances à parcourir et de mers difficiles. Les Myctophidés, dits poissons-lanternes en raison de leur bioluminescence, représentent la grande majorité de la biomasse des eaux profondes, mais ils restent encore peu recherchés par les pêcheries en raison de leur petite taille. Ils constituent les proies principales des Manchots royaux. Cependant, l'effondrement des stocks mondiaux de ressources marines pourrait amener les pêcheries internationales à se tourner vers ces espèces australes, moins accessibles mais encore abondantes.

Le krill est une ressource abondante à la base de l'alimentation des Manchots jugulaire et Adélie, mais aussi de nombreux mammifères marins comme les baleines. Dans un premier temps, plusieurs pays, en particulier la Russie, ont essayé de se lancer dans l'exploitation du krill. La Commission for the Conservation of Antarctic Marine Living Resources (CCAMLR) a instauré un quota maximal de 1,5 million de tonnes de krill pouvant être prélevé dans l'Atlantique Sud. Les difficultés de rentabilité ont stoppé le développement de cette pêche dès les années 1980. La baisse drastique des ressources naturelles mondiales pourrait cependant réorienter des exploitants vers le krill. Récemment, les consommateurs américains et européens sont devenus demandeurs d'huile de krill comme complément alimentaire. Ces crustacés sont riches en acides gras polyinsaturés oméga 3, considérés comme bénéfiques à la santé. Depuis les années 2010, le krill est également utilisé dans les produits laitiers, certains plats préparés ou encore des cosmétiques. Son exploitation s'effectue dans les eaux antarctiques et entre désormais directement en concurrence avec les populations de Manchots jugulaire et Adélie.

Une des solutions pour protéger les populations de manchots est la mise en place de quotas de pêche, mais l'expérience montre que la réglementation est très peu respectée par la pêche internationale sans des contrôles externes intensifs nécessitant une volonté politique et d'importants moyens humains.

Contrôle des pêches par un inspecteur dans les eaux australes françaises, ici, le poisson est une Légine. © Gilles Cauvin

La création d'aires marines protégées — l'équivalent des réserves naturelles et parcs nationaux que l'on connaît pour les milieux terrestres — est la solution qui permettrait de préserver la biodiversité, dont les stocks de poissons ou crustacés recherchés par les pêcheries. Ces réserves couvrent actuellement moins de 1 % de la surface globale des océans. L'autre obstacle difficile à franchir est que les pays acceptent des réglementations communes dans des eaux internationales. Par ailleurs, ces zones de réserve devront fluctuer dans l'espace et le temps, ce qui rendra encore plus difficile la négociation et l'application des règlements. Les aires marines protégées sont surtout adaptées à des zones côtières plus prévisibles, et beaucoup moins à la haute mer. La localisation des secteurs

Les pêcheries concurrencent directement les Manchots du Cap au large de l'Afrique du Sud.
© David Grémillet

productifs, comme les fronts polaires ou les remontées d'eaux froides, peuvent varier de plusieurs dizaines à plusieurs centaines de kilomètres, et la productivité est très dépendante des saisons. L'interdiction de pêche sur des secteurs définis a pourtant montré son efficacité immédiate. En Afrique du Sud, l'effort fourni par les Manchots du Cap pour aller se nourrir a diminué de 30 % en seulement trois mois après l'interdiction de la pêche autour de leur colonie. Pour se nourrir, les manchots se sont focalisés à l'intérieur de la zone protégée, montrant la disponibilité immédiate des proies dès l'arrêt de la pêche.

Manchots papous sur un iceberg en Géorgie du Sud.
Cette espèce est plus particulièrement sensible au dérangement.
© Laurent Demongin

Dérangement

TOURISME

L'Afrique du Sud, l'Argentine, l'Australie ou encore la Nouvelle-Zélande ont développé une activité touristique importante, mais encadrée, pour observer les manchots. En Australie, des mesures concrètes ont été prises pour encadrer les visites touristiques en garantissant des distances de sécurité, la circulation sur des chemins ainsi que la limitation de la lumière pour observer le Manchot pygmée qui est nocturne. Sur l'île Philipp, des centaines d'installations humaines incluant même des maisons ont été déplacées pour éviter de perturber les colonies. Le Manchot des Galápagos est particulièrement exposé au dérangement humain. Le paradoxe est que l'archipel attire pour la richesse de sa biodiversité. Si le tourisme est bien contrôlé autour des sites occupés par les manchots, l'absence de gestion adéquate, en particulier des déchets, et la construction d'infrastructures d'accueil et de logement par les autorités locales,

Un immature (à gauche) et deux adultes de Manchot de Magellan dans les îles Malouines.
© Laurent Demongin

Manchots papous.
© Michel Gauthier-Clerc

a amené l'Unesco en 2010 à retirer l'archipel de la liste du patrimoine mondial.

Le tourisme mondial est en constante augmentation. Les destinations lointaines et encore peu connues sont de plus en plus prisées et le continent Antarctique est une des cibles les plus recherchées. Plusieurs dizaines de milliers de touristes s'y rendent déjà chaque année. Les réactions à la présence humaine sont cependant très différentes selon les espèces et les populations de manchots. Certaines espèces sont très sensibles au dérangement, comme les Manchots papou et antipode. Les Manchots de Humboldt sont particulièrement timides et sensibles eux aussi, notamment à la présence humaine qui induit chez eux du stress. Dans le cas des Manchots antipodes, il a été noté une baisse du succès reproducteur ainsi qu'une survie inférieure lors de leur première année dans les sites très touristiques sans contrôle. La présence humaine sur les plages pourrait empêcher les adultes craintifs de rejoindre leur poussin pour le nourrir.

Chez le Manchot antipode, la seule présence visible d'un humain provoque une hausse du rythme cardiaque. Contrairement à ce qu'on pourrait imaginer, le stress, mesuré par le rythme cardiaque, est plus élevé lors de l'approche lente d'un photographe que lors d'un contrôle du nid par un scientifique.

La réserve de Punta Tombo, en Argentine, qui abrite une importante colonie de Manchot de Magellan, a en 2008 accueilli 100 000 visiteurs. Il a été relevé des taux d'hormones de stress plus élevés chez cette espèce dans les colonies où se trouvait une présence humaine. Cependant, une certaine habituation est possible lorsque la fréquentation est régulière et respectueuse. Les poussins de cette espèce exposés à une fréquentation touristique respectueuse ne fuient pas les humains à l'âge adulte.

Chez les Manchots Adélie, il n'a pas été mesuré d'effet sur le succès reproducteur, même avec une forte fréquentation touristique, sous réserve que les visiteurs restent à distance. Malgré leur sensibilité au dérangement, les Manchots papous se sont habitués au tourisme régulier et bien encadré. Certaines espèces de manchots n'arrivent cependant pas à s'accoutumer à la fréquentation humaine, même régulière et à distance. La mesure de leur rythme cardiaque et de leurs hormones montrent qu'ils restent sous l'effet d'un stress.

Station de recherche scientifique allemande Neumayer III installée dans la Terre de la Reine-Maud. © Céline Le Bohec

EXPLORATION PÉTROLIÈRE

Les ondes sismiques causées par la recherche de pétrole et de gaz sous les fonds marins constituent le bruit le plus intense d'origine humaine dans les océans. Lors des activités sismiques créées par les bateaux d'exploration, les Manchots du Cap évitent leurs zones d'alimentation préférées. Les oiseaux reprennent leur comportement normal dès que les bruits cessent. L'industrialisation des océans est en pleine croissance, avec les nuisances sonores qui lui sont associées, et c'est une préoccupation pour la conservation des animaux marins.

BASES ET RECHERCHE SCIENTIFIQUE

L'occupation de certains territoires tels que les îles subantarctiques a trouvé une justification dans la recherche scientifique, bien que ses motifs premiers aient été avant tout géostratégiques. Concernant le continent Antarctique, la prise de possession officielle n'y a pas été autorisée et la présence militaire y est interdite. La recherche scientifique a là aussi été une façon pour les divers États d'y affirmer leur présence.

Les îles subantarctiques comme le continent Antarctique n'avaient jamais connu de présence humaine permanente. La construction d'infrastructures pour le logement, la logistique et les études, la production d'électricité et de déchets, les débarquements par bateau, avion ou hélicoptère ont eu des impacts environnementaux notables. Les précautions prises — ou non — correspondent au degré de prise de conscience et à la perception de l'environnement de chaque époque. Sur l'île de la Possession, dans l'archipel Crozet, les cuves de gasoil pour l'approvisionnement de la base furent

Cuves de gasoil et zone de déchargement aménagées dans les années 1960 pour la base Alfred-Faure au milieu d'une colonie de Manchots royaux, dans l'archipel Crozet. © Michel Gauthier-Clerc

installées en 1968 au sein même d'une colonie de Manchots royaux. Ces 6 cuves toujours en fonction peuvent stocker chacune 55 m^3 de gasoil, non sans risque de fuite. (Par contraste, il a fallu attendre 2006, soit près d'un demi-siècle, pour que soit créée la Réserve naturelle nationale des Terres australes françaises, la plus grande de France.) Une étude récente sur cette colonie de Manchots royaux a montré que ceux-ci s'étaient habitués à la présence humaine, continue depuis une cinquantaine d'années. Leur réaction aux bruits ou passages, mesurée par le rythme cardiaque, est faible en comparaison de celles de colonies connaissant peu les hommes. Le stress reste cependant élevé dans certains cas, ponctuels et peu nombreux, comme les captures pour des études scientifiques. Les manipulations d'un très grand nombre d'individus doivent donc être finement évaluées avant d'être entreprises, car il n'existe pas d'habituation au stress.

Les études scientifiques ont évolué au cours du XXe siècle vers une meilleure prise en compte de l'impact du dérangement sur le bien-être animal, au fur et à mesure de la prise de conscience de la société et des progrès des

**Manchot royal
et Manchot papou.**
© Michel Gauthier-Clerc

Manchot royal avec un appareil fixé sur les plumes, permettant de mesurer par exemple les profondeurs de plongée. © Michel Gauthier-Clerc

connaissances. Celles-ci ont aussi évolué quant au baguage, c'est-à-dire à la pose d'une bague permettant la reconnaissance individuelle des oiseaux. Cette méthode est très largement utilisée chez de nombreuses espèces d'oiseaux et a permis des progrès considérables dans la connaissance de leur écologie - migrations, comportement, démographie... -, connaissances qui ont pu être utilisées ensuite pour leur conservation. Chez les oiseaux volants, la pose de la bague se fait à la patte, sans impact connu sur leur bien-être. Chez les manchots, la pose de la bague se fait à l'aileron car les os des pattes ne le permettent pas. Or, l'aileron sert à la propulsion sous l'eau. Beaucoup d'études scientifiques ont eu recours au baguage des manchots, sur des dizaines de milliers d'individus. Il a fallu attendre le développement d'une nouvelle technologie alternative, le transpondeur — une puce passive implantée sous la peau et contenant l'identité de

Manchot royal muni d'une bague à l'aileron. Cette méthode d'identification a permis d'obtenir beaucoup de connaissances sur le comportement et la démographie. La pose de bague a été stoppée car il a été montré qu'elle affectait la vie des manchots. © Michel Gauthier-Clerc

l'individu – pour que l'on découvre que les bagues avaient chez les manchots toute une série de conséquences négatives : retard dans leur cycle, baisse importante du succès reproducteur mais aussi une diminution de la survie des adultes et des immatures. La bague sur l'aileron constitue un réel handicap pour le manchot lors de ses voyages alimentaires en mer. Beaucoup d'études ont aussi montré que la pose de divers appareils sur le dos des manchots – pour suivre leurs déplacements ou leurs stratégies de plongée – créaient une gêne à l'hydrodynamisme et donc augmentait leur effort pour nager. Ces prises de conscience croissantes, ainsi que la création de comités d'éthique, ont fait évoluer les pratiques. Les connaissances acquises sur l'écologie des manchots, par exemple sur leurs zones d'alimentation, leurs proies, leur physiologie, ont permis de mettre en place – ou du moins de proposer aux politiques – des mesures de conservation des espèces telles que des aires marines protégées ou la régulation des pêcheries. La simple présence humaine autour d'une colonie est déjà en soi un dérangement, même minime. La réflexion doit trancher entre l'impact négatif immédiat sur l'espèce et l'intérêt des connaissances obtenues pour sa conservation à long terme.

Introduction d'espèces exotiques et circulation d'agents pathogènes

INTRODUCTION DE PRÉDATEURS

De nombreuses introductions d'espèces exotiques ont eu lieu lors de la colonisation humaine de nouvelles terres durant ces derniers siècles. Les oiseaux marins des îles subantarctiques ont ainsi subi des baisses importantes de leurs effectifs après l'arrivée de mammifères terrestres introduits volontairement par les marins, comme les cochons ou les chats, ou involontairement, comme les rats.

Gorfous sauteurs en fin de mue, face à un chat, espèce introduite aux îles Malouines. © Laurent Demongin

L'augmentation des échanges mondiaux durant le XXe siècle, pour le commerce, l'élevage ou le tourisme, a provoqué une nouvelle vague de dispersion d'espèces dans de nouveaux habitats. Les espèces de manchots les plus menacées sont celles se trouvant sur des îles, un univers de fait isolé, donc très sensible à une potentielle introduction d'espèces exotiques. Dans les années 1990, des rats ont ainsi été introduits sur les petites îles Marielas, aux Galápagos, provoquant le départ des Manchots pygmées australiens qui y avaient leurs principales populations.

Le Gorfou huppé est limité aux îles Bounty et Antipodes. Jusqu'à présent, ces îles ont été relativement préservées de l'introduction d'espèces exotiques et les hommes y ont un accès très restreint. Les îles Antipodes s'étendent sur seulement 2100 hectares et sont classées réserve naturelle. Elles abritaient cependant une population de souris estimée à 200 000 individus. À partir de 2016, le gouvernement néo-zélandais a entamé une campagne d'éradication à l'aide de dizaines de tonnes d'appâts et de chiens et, en 2018, déclarait le succès de l'opération. Même si elle est contrôlée, la présence humaine régulière nécessitant l'accostage de bateaux fait courir le risque d'une introduction de rats dont l'impact serait considérable sur la faune locale.

L'île Macquarie, entre la Nouvelle-Zélande et le continent Antarctique, est le seul lieu à accueillir le Gorfou de Schlegel, avec plusieurs centaines de milliers de couples. Il y est particulièrement exposé aux espèces introduites, dont les souris, les lapins qui ont dégradé les habitats, puis les chats qui ont été importés pour limiter ces rongeurs. Des opérations ont permis d'éradiquer les chats, mais pas les lapins et les rongeurs.

LES PARASITES ET MALADIES

Des agents pathogènes tels qu'un virus ou une bactérie peuvent avoir des conséquences importantes sur la démographie de certaines espèces sauvages. Lorsque l'agent pathogène a coévolué depuis longtemps dans les populations, son impact est le plus souvent peu visible, même s'il existe, car il n'y a plus de phases aiguës de forte mortalité. Les conséquences les plus fortes sont observées lorsqu'un nouvel agent pathogène virulent est introduit dans des populations sauvages qui n'y avaient jamais été confrontées. Il en existe de nombreux exemples célèbres : la peste porcine fut introduite dans les années 1890 en Afrique et provoqua la mort de plus de 80 % des ongulés sauvages ; plus de la moitié des oiseaux endémiques d'Hawaii périrent après l'introduction de moustiques et de parasites de la malaria.

Plusieurs espèces de manchots ont des effectifs très restreints, de quelques milliers de couples. Dans ce cas, un agent pathogène inconnu de ces populations et assez virulent pour provoquer une forte mortalité pourrait entraîner des risques importants d'extinction. Dans les années 2000, une bactérie du genre *Corynebacterium* a causé la mort de la très grande majorité des poussins de Manchots antipodes — alors que cette espèce ne compte plus que quelques milliers d'adultes. L'impact d'agents pathogènes peut également être indirecte lorsque ceux-ci touchent les proies des manchots. Cela a été le cas dans les années 1990, dans le sud de l'Australie et en Nouvelle-Zélande, où une épizootie virale a touché les populations de sardines. Le virus aurait été introduit avec l'importation de poissons d'élevage. Cette épizootie a provoqué indirectement une baisse de la survie et du succès reproducteur des Manchots pygmées.

On croit communément les zones froides et isolées de l'Antarctique et des îles subantarctiques à l'abri des maladies. En fait, les très fortes concentrations d'oiseaux marins sur de très petits espaces sont au contraire des conditions on ne peut plus favorables à l'échange de maladies infectieuses et de parasites. Les recherches ne sont pas encore très nombreuses, mais l'existence de très nombreux agents pathogènes et parasites chez les manchots est avérée. L'évaluation de leur effet sur la santé de ces oiseaux reste

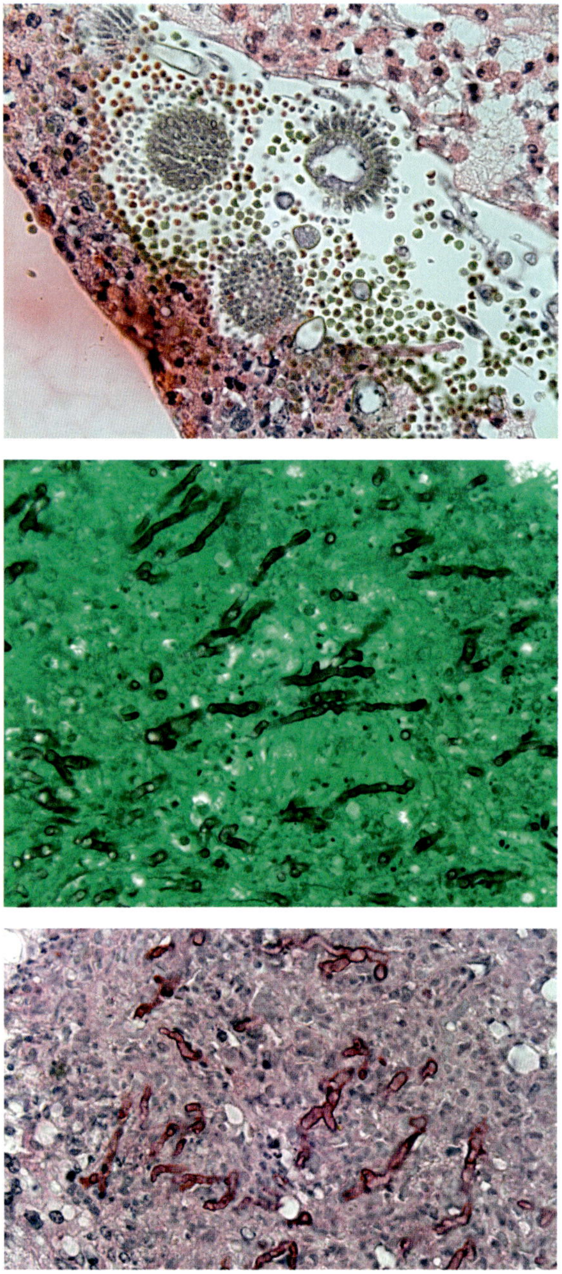

Lésions dues au champignon *Aspergillus* dans les sacs aériens (photo du haut) et les poumons de Manchots de Magellan morts de cette maladie.

difficile, car l'impact en est souvent chronique et non aigu, et nécessiterait des plans d'expérimentation lourds. Il existe davantage de données issues d'animaux en parc zoologique ou en centre de réhabilitation, où le suivi et les diagnostics peuvent être plus précis. Une des plus importantes causes de mortalité chez les manchots captifs est la malaria aviaire, due à des parasites sanguins transmis par des moustiques. La mortalité peut dépasser 50 % en quelques semaines. L'aspergillose, fréquente chez les oiseaux, est un champignon qui envahit notamment le système respiratoire. Cette cause de mortalité a également été rapportée chez les manchots captifs. L'éventuel impact de ces agents pathogènes n'est cependant pas connu dans les populations sauvages de manchots. Un plasmodium responsable de malaria existe chez les Manchots des Galápagos, où le moustique vecteur, *Culex quinquefasciatus*, est présent depuis les années 1980.

Les parasites internes, dans les intestins ou l'appareil respiratoire, sont à la fois nombreux et abondants chez les manchots dans lesquels ils ont été recherchés : nématodes, cestodes, trématodes, acantocéphales... Les effets de ces parasites n'ont pas encore été étudiés chez les manchots, mais on les connaît chez les oiseaux d'élevage ou chez certaines espèces sauvages étudiées : baisse de croissance, baisse de fécondité, baisse de la survie des poussins... Beaucoup de ces parasites sont contractés en consommant les poissons ou les calmars. Les colonies denses sont également particulièrement favorables à la contamination par les fèces. Il n'y a pas pour l'instant d'élément montrant que des espèces de parasites exotiques auraient été introduites. Cela tient probablement aux cycles particuliers de ces parasites, nécessitant des hôtes intermédiaires tels que des poissons et des crustacés.

Pour ce qui est des bactéries intestinales, en revanche, des échanges avec les populations humaines ou d'animaux domestiques sont avérés. En Géorgie du Sud, plusieurs espèces de *Campylobacter,* des bactéries responsables de gastro-entérites, ont été isolées chez les manchots. Des séquences de la bactérie *Campylobacter jejuni* étaient d'origine humaine, probablement introduite par des touristes ou des scientifiques. La même étude en péninsule Antarctique n'a pas permis de détecter des séquences d'origine humaine, suggérant l'efficacité, jusqu'à maintenant, des mesures de contrôle. Pourtant, d'autres résultats sont allés dans le sens contraire. L'augmentation de la résistance des bactéries aux antibiotiques est une préoccupation mondiale. Depuis les hôpitaux et les populations humaines, ces bactéries se diffusent désormais également dans les écosystèmes naturels. Des recherches sur les bactéries intestinales antibiorésistantes, incluant les *Escherichia coli,* ont montré qu'elles ont été introduites sur le continent Antarctique à la faveur des activités militaires, scientifiques, touristiques ou de pêche. Elles ont été trouvées dans l'eau comme dans les fèces de manchots et présentaient des multirésistances aux antibiotiques : ampicilline, tétracyclines, streptomycine… Excepté quelques cas exceptionnels, il n'y a pas nécessité de traiter les manchots avec des antibiotiques et ces résistances n'ont donc pas de conséquences directes pour eux. Mais ces résultats montrent que ces zones ne sont pas isolées et que la pénétration humaine a déjà introduit des agents pathogènes. L'augmentation de la circulation mondiale va continuer d'accroître ce risque, qui peut être dévastateur dans le cas d'agents pathogènes virulents et inconnus chez les manchots.

Des virus contagieux circulant dans les élevages de volailles domestiques ont aussi été détectés chez les manchots. Cependant, à moins de les isoler et d'arriver à établir des liens phylogénétiques, il est difficile de dire s'il s'agit bien de virus proches et qui ont les mêmes conséquences pathologiques. Les virus de grippe aviaire présentent une diversité immense, avec des origines et des virulences très variables. Des recherches récentes ont permis de mettre en évidence la circulation des virus de type H11N2. Leurs bases génétiques n'avaient aucun lien avec les autres virus de grippe circulant à la même époque, même ceux d'Amérique du Sud d'où il auraient pu être originaires. Ces virus

Adulte de Manchot royal. © Michel Gauthier-Clerc

Adulte de Manchot papou. © Michel Gauthier-Clerc

H11N2 avaient divergé d'autres virus connus il y a plus de cinquante ans et possédaient des liens communs avec les virus de grippe équine H3N8, qui a émergé à partir de 1963. Ils sont donc parvenus à se maintenir et à évoluer au sein de l'écosystème antarctique. Un virus H5N5 a été introduit récemment en Antarctique. Son origine la plus proche est située en Amérique du Nord. Bien que ses modes de dispersion ne soient pas connus — probablement des oiseaux migrateurs —, ces découvertes ont mis en évidence la vulnérabilité potentielle des zones antarctiques : des virus de grippe peuvent arriver sur le continent Antarctique depuis les autres continents. Depuis les années 1990, il y a une circulation de plus en plus fréquente de formes de grippe hautement pathogènes provenant des élevages domestiques, comme le célèbre H5N1. Si ces types de virus peuvent provoquer des mortalités massives chez des poules, la sensibilité des manchots à ces formes virales n'est pas encore connue.

La maladie de Gumboro est une maladie contagieuse due à un birnavirus de sérotype 1 qui circule chez de nombreux oiseaux et a un impact important connu chez les volailles. La mortalité y est de 5 à 60 % et provoque des formes subcliniques marquées par une immunosuppression. Dans l'archipel Crozet, une étude chez le Manchot royal a montré que respectivement 4 % et 1 % d'entre eux avaient été en contact avec les sérotypes 1 et 2. Les conséquences de ces circulations virales chez les manchots, sur leur condition physique, leur poids, leur succès reproducteur, etc., sont inconnues. Dans le même lieu, des pics de toux ont été mis en évidence chez les Manchots royaux durant l'automne et le printemps, ainsi qu'un pic de conjonctivite à la fin de l'hiver, qui suggèrent la circulation d'agents infectieux contagieux. En Antarctique, des avalavirus ont été trouvés chez des Manchots papous, mais leur impact potentiel reste inconnu. Actuellement, seul l'un d'entre eux, le virus de la maladie de Newcastle, provoque des mortalités importantes parmi la volaille domestique.

PARASITES EXTERNES

Les tiques ne sont pas confinées aux zones tempérées ou chaudes. *Ixodes uriae* est ainsi répandue dans le monde entier chez les oiseaux marins, incluant les îles subantarctiques et la péninsule Antarctique. Dans les archipels Crozet et Kerguelen, une autre espèce, *Ixodes kerguelenensis,* parasitant des pétrels et albatros, s'est même différenciée.

Les Manchots royaux de l'archipel Crozet sont particulièrement infestés par *Ixodes uriae.*

Adulte de Manchot royal infesté sur la nuque par des centaines de tiques *Ixodes uriae*. Il couve son œuf sur ses pattes et ne peut pas se gratter. © Michel Gauthier-Clerc

Tiques *Ixodes uriae* (adultes, nymphes, larves et œufs) sous un caillou dans une colonie de Manchot royal. © Michel Gauthier-Clerc

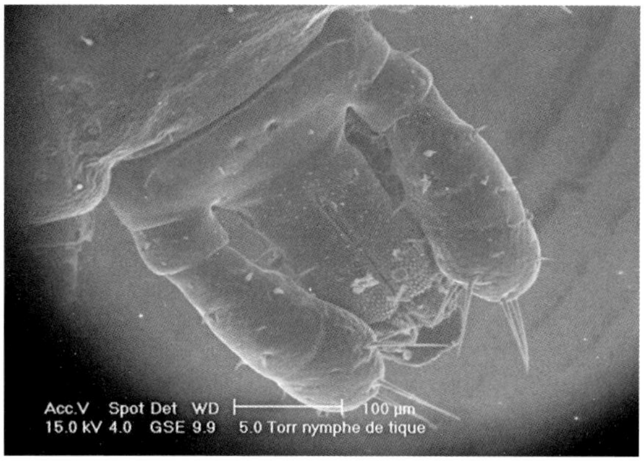

Tête de la tique *Ixodes uriae*.
© Michel Gauthier-Clerc

Ces tiques sont spécialement actives durant la période d'incubation. Les oiseaux restent à la même place pendant des semaines, offrant une cible de choix pour les populations de tiques qui s'abritent sous les rochers secs ou les touffes de tussock. Les parasites se fixent préférentiellement sur la nuque des manchots, inaccessible à leur bec — ils ne se grattent pas la nuque avec les pattes car l'œuf est posé dessus. Des milliers de tiques peuvent se nourrir sur le même manchot, ingurgitant une forte quantité de sang et entraînant une perte de plumes importante, qui crée une zone de déperdition énergétique lorsque le manchot retourne en mer. Des cas de mortalité d'adultes ont été rapportés lors de très fortes infestations, ainsi que la baisse du succès reproducteur dans les zones infestées. Les populations de tiques sont très variables entre colonies, et entre différents lieux au sein d'une même colonie, en fonction des habitats secs qui leur sont disponibles. Elles sont favorisées lors des périodes les plus sèches. À l'inverse, les fortes précipitations, comme l'humidité dans leurs abris, provoquent parmi elles une importantes mortalité. Le changement du climat, avec la baisse prévue des précipitations, pourrait amener à une augmentation des populations de tiques et de leur impact sur les manchots.

Les tiques sont potentiellement vectrices de nombreux agents pathogènes. Ainsi, la bactérie *Borrelia burgdorferi,* une bactérie spirochète, a été isolée dans le sang des Manchots royaux. Jusqu'à 14 % des adultes infestés présentaient également des anticorps à cette bactérie, démontrant une infestation passée. Dans l'hémisphère Nord, cette bactérie est à l'origine de la maladie de Lyme. Il n'y a cependant actuellement aucun élément montrant un effet pathogène de la forme présente chez les manchots.

Les poux mallophages sont des parasites externes très communs dans le plumage de tous les manchots. Ce sont des insectes marins, capables de vivre sur eux en permanence, même lors des plongées à grande profondeur. Souvent, les poux ont coévolué avec l'espèce d'oiseau qu'ils parasitent, et l'on peut différencier des espèces de poux inféodées à une seule espèce d'oiseau. Dans le cas des manchots, il n'a pas été possible de mettre en évidence de cospéciation d'un

La bactérie *Borrelia burgdorferi* transmise par les tiques a été isolée chez des Manchots royaux de l'archipel Crozet.
© Michel Gauthier-Clerc

couple pou-manchot, ce qui suggère des échanges réguliers de poux entre les espèces.

Les manchots sont parfois perçus comme particulièrement résistants et protégés des maladies par leur isolement. En réalité, de nombreux agents pathogènes et parasites utilisent naturellement les manchots. Les échanges mondiaux, pour le commerce ou le tourisme, sont en constante augmentation, et avec eux le transport d'espèces diverses dans de nouveaux habitats. Cela inclut les agents pathogènes, dont nombre d'exemples récents dans le monde — le virus West Nile, le SRAS, la grippe aviaire H5N1... — ont montré la capacité à se répandre rapidement et à provoquer des mortalités importantes. S'il n'y a pas eu de cas de ce genre répertorié chez les manchots, le risque n'a jamais été aussi élevé.

CONCLUSION

Le XIXe siècle a montré que les manchots étaient fragiles. Comme beaucoup d'autres vertébrés de cette période, leurs effectifs s'étaient effondrés sous l'effet de leur chasse pour divers usages. Un débat a opposé, au début du XXe siècle, les tenants de la protection de la nature — où, schématiquement, l'humain est un invité dans la nature — et les partisans de la conservation de la nature — où son exploitation est compatible avec sa préservation. L'approche conservative s'est imposée dans les institutions, mais un siècle plus tard, l'extinction massive de la biodiversité montre que le concept d'une exploitation compatible avec sa préservation a échoué. Pourtant, en France, l'heure est à la « gestion adaptative », prise dans un sens où il n'y aurait plus de frontière entre espèces protégées et à « réguler », et où tout peut être géré. L'isolement relatif et les compromis géopolitiques autour du Traité de l'Antarctique avaient mis les espèces de manchots subantarctiques et antarctiques dans une situation de protection quasi intégrale, avec une faible pénétration humaine et une exploitation limitée de leurs habitats et de leurs ressources. Le concept de protection avait là fonctionné durant le XXe siècle et les effectifs avaient pu se reconstituer, donnant l'image d'une abondance de manchots dans des territoires encore vierges. Les espèces des zones habitées, comme l'Afrique du Sud, la Nouvelle-Zélande ou l'Amérique, restaient en revanche les plus menacées.

Depuis la fin du XXe siècle, toutes les espèces de manchots subissent de façon croissante les conséquences des activités humaines, pourtant lointaines de leurs habitats, et tout particulièrement les modifications du climat et des courants océaniques. On l'a vu au cours des chapitres de ce livre, les manchots ont déjà traversé de profonds bouleversements climatiques qu'ils ont su surmonter lors des dizaines de milliers d'années passées. Ils ont dû parfois se déplacer sur des milliers de kilomètres pour trouver des habitats favorables, ou trouver refuge dans des secteurs très réduits avant de s'étendre de nouveau. Depuis quelques dizaines d'années, les courants océaniques mondiaux et la couverture de glace, sur terre comme sur mer, ont commencé à se modifier. Les changements climatiques vont s'affirmer de plus en plus durant les quelques décennies à venir, et il est difficile de prédire l'ampleur de leurs conséquences. Les connaissances accumulées depuis les années 1960 par les équipes de scientifiques vont aider à comprendre, prédire

Manchots Adélie. Leur avenir dépendra du courage politique à créer des zones protégées de l'exploitation humaine, à terre comme en mer © David Gremillet

des scénarios, proposer des solutions si elles existent. Mais on sait que même si la production des connaissances nécessaires est longue et difficile, ce n'est pas l'étape la plus ardue car il reste ensuite à trouver le courage de prendre les décisions politiques qui en découlent. Plusieurs incertitudes majeures pèsent sur l'avenir des manchots. Les pêcheries vont-elles se tourner de façon encore plus massive vers les ressources marines du sud, visant les proies des manchots ? Comment les grands courants océaniques vont-ils évoluer ? On sait que des seuils pourraient être brusquement atteints, changeant températures et courants. Pour passer le cap du XXIe siècle, les manchots auront besoin de zones refuge à terre ainsi que de vastes aires marines protégées de toute exploitation.

Bibliographie

AINLEY D. G., LERESCHE R. E., SLADEN J. L. 1983. *Breeding biology of the Adélie Penguin.* University of California Press, Berkeley, California.
ANCEL A., BEAULIEU M., GILBERT C. 2013. « The different breeding strategies of penguins: a review ». Comptes Rendus *Biologies,* Elsevier Masson 336 : 1-12.
ANCEL A., BEAULIEU M., LE MAHO Y., GILBERT C. 2009. « Emperor penguin mates: keeping together in the crowd ». *Proceedings of the Royal Society B : Biological Sciences* 276 : 2163-2169.
ANCEL A., HORNING M., KOOYMAN G. 1997. « Prey ingestion revealed by oesophagus and stomach temperature recordings in cormorants ». *Journal of Experimental Biology* 200 : 149-154.
ANCEL A., KOOYMAN G. L., PONGANIS P. J., GENDNER J.-P., LIGNON J., MESTRE X., HUIN N., THORSON P. H., ROBISSON P., LE MAHO Y. 1992. « Foraging behaviour of Emperor Penguins as a resource detector in winter and summer ». *Nature* 360 : 336-338.
AUBIN T., JOUVENTIN P. 1998. « Cocktail-party effect in king penguin colonies ». *Proceedings of the Royal Society B: Biological Sciences* 265 : 1665-1673.
BAKER A. J., PEREIRA S. G., HADDRATH O., EDGE K. A. 2006. « Multiple gene evidence for expansion of extant penguins out of Antarctica due to global cooling ». *Proceedings of the Royal Society B: Biological Sciences* 273 : 11-7.
BALLARD G., TONIOLO V., AINLEY D. G., PARKINSON C. L., ARRIGO K. R., TRATHAN P. N. 2010. « Responding to climate change: Adelie Penguins confront astronomical and ocean boundaries ». *Ecology* 91 : 2056-2069.
BANKS J. C., PALMA R. L., PATERSON A. M. 2006. « Cophylogenetic relationships between penguins and their chewing lice ». *Journal of Evolutionary Biology* 19 : 156-166.
BARBRAUD C., WEIMERSKIRCH H. 2001. « Emperor penguins and climate change ». *Nature* 411 : 183-186.
BEAUNE D., LE BOHEC C., LUCAS F., GAUTHIER-CLERC M., LE MAHO Y. 2009. « Stomach stones in king penguin chicks ». *Polar Biology* 32 : 593-597.
BERGSTROM D. M., CHOWN S. L. 1999. Life at the front: history, ecology and change on southern ocean islands. *Trends in Ecology and Evolution* 14 : 472-473.
BLACK C., COLLEN B., JOHNSTON D., HART T. 2016. « Why Huddle? Ecological drivers of chick aggregations in gentoo penguins, *Pygoscelis papua,* across Latitudes ». PLoS ONE 11(2) : e0145676.doi:10.1371/journal.pone.0145676
BOERSMA P. D., REBSTOCK G. A. 2014. « Climate Change Increases Reproductive Failure in Magellanic Penguins ». *PLoS ONE* 9(1) : e85602. doi:10.1371/journal.pone.0085602
BOESSENKOOL S., STAR B., WATERS J. M., SEDDON P. J. 2009. « Multilocus assignment analyses reveal multiple units and rare migration events in the recently expanded yellow-eyed penguin (*Megadyptes antipodes*) ». *Molecular Ecology* 18 : 2390-2400.
BON C., PENNA A. D, D'OVIDIO F. ARNOULD J. Y. P., POUPART T., BOST C.A. 2015. « Influence of oceanographic structures on foraging strategies: Macaroni penguins at Crozet Islands ». *Movement Ecology* 3 : 32 DOI 10.1186/s40462-015-0057-2.
BORBOROGLU P. G., BOERSMA P. D. (ed.) 2013. *Penguins. Natural history and conservation.* A Samuel and Althea Stroum Book. University of Washington Press, Seattle & London.
BORDIER C., SARAUX C., VIBLANC V.A., GACHOT-NEVEU H., BEAUGEY M. *et al.* 2014. « Inter-annual variability of fledgling sex ratio in King penguins ». *PLoS ONE* 9(12) : e114052. doi :10.1371/journal.pone.0114052
BOST C.-A., GEORGES J.-Y., GUINET C., CHEREL Y., PÜTZ K., CHARRASSIN J.-B., HANDRICH Y., ZORN T., LAGE J., LE MAHO Y. 1997. « Foraging habitat and food intake of satellite-tracked king penguins during the austral summer at Crozet Archipelago ». *Marine Ecology Progress Series* 150 : 21-33.
BOST, C. *et al.* 2015. « Large-scale climatic anomalies affect marine predator foraging behaviour and demography ». *Nature Communications* 6 : 8220 doi : 10.1038/ncomms9220
BROOKE M. de L. 2004. « The food consumption of the world's seabirds ». *Proceedings of the Royal Society B: Biological Sciences* 271 Suppl 4 : S246-8.
CABANA A. L., RALPH ERIC THIJL VANSTREELS R. E. T., *et al.* 2014. « Lethal concurrent avian malaria and aspergillosis in Magellanic Penguin (*Spheniscus magellanicus*) ». *Boletín Chileno de Ornitología* 20 : 28-32.
CARROLL G., EVERETT J. D., HARCOURT R., SLIP D., JONSEN I. 2016. « High sea surface temperatures driven by a strengthening current reduce foraging success by penguins ». *Scientific Reports* 6 : 22236
CARROLL G., SLIP D., JONSEN I., HARCOURT R. 2014. « Supervised accelerometry analysis can identify prey capture by penguins at sea ». *The Journal of Experimental Biology* 217 : 4295-4302.
CHARRASSIN J.-B., BOST C.-A. 2001. « Utilisation of the oceanic habitat by king penguin over the annual cycle ». *Marine Ecology Progress Series* 221 : 285-298.
CHARRASSIN J.-B., LE MAHO Y., BOST C. A. 2002. « Seasonal changes in the diving parameters of king penguins ». *Marine Biology* 141 : 581-589.
CHEREL Y., CHARRASSIN J.-B., CHALLET E. 1994. « Energy and protein requirements for molt in the king penguin Aptenodytes patagonicus ». *American Journal of Physiology* 266 : R1182-R1188.
CHEREL Y., GILLES J., HANDRICH Y., LE MAHO Y. 1994. « Nutrient reserve dynamics and energetics during long-term fasting in the king penguin (*Aptenodytes patagonicus*) ». *Journal of Zoology* 234 : 1-12.
CHEREL Y., ROBIN J.-P., LE MAHO Y. 1988. « Les trois jeûnes du Manchot royal. Comparaison avec le jeune de reproduction du Manchot empereur ». *Revue d'écologie (Terre Vie)* 43 : 367-374.
CHEREL Y., VERDON C., RIDOUX V. 1993. « Seasonal importance of oceanic myctophids in king penguin diet at Crozet Islands ». *Polar Biology* 13 : 355-357.
CHOI N., KIM J. H., KOKUBUN N., PARK S., CHUNG H., LEE W.Y. 2017. « Group association and vocal behavior during foraging trips in Gentoo penguins ». *Scientific Reports* 7 : 7570.
CIMINO M. A., LYNCH H. J., SABA V. S., OLIVER M. J. 2016. « Projected asymmetric response of Adélie penguins to Antarctic climate change ». *Scientific Reports* 26 DOI : 10.1038/srep28785
CLARKE A., PRINCE P. A. 1976. « The origin of stomach oil in marine birds : analyses of the stomach oil from six species of subantarctic procellariiform birds ». *Journal of Experimental Marine Biology and Ecology* 23 : 15-30.
CLARKE J. A., KSEPKAC D. T., STUCCHIE M., URBINAF M., GIANNINIG N., BERTELLI S., NARVA Y., BOYD C.A. 2007. « Paleogene equatorial penguins challenge the proposed relationship between biogeography, diversity, and Cenozoic climate change ». *Proceedings of the National Academy of Sciences* 104 : 11545-11550.
CLARKE J. R., KERRY K. R. 1993. « Diseases and parasites of penguins ». *Korean Journal of Polar Research* 4 : 79-96.
CLUCAS *et al.* 2018. « Comparative population genomics reveals key barriers to dispersal in Southern Ocean penguins ». *Molecular Ecology* 1-18 DOI : 10.1111/mec.14896.
COFFIN H. R., WATTERS J. V., MATEO J. M. 2011. « Odor-based recognition of familiar and related conspecifics: a first test conducted on captive Humboldt penguins (*Spheniscus humboldti*) ». *PLoS ONE* 6(9) : e25002. doi:10.1371/journal.pone.0025002
COIMBRA J. P., NOLAN P. M., SHAUN S. P., COLLIN P., HART N.S. 2012. « Retinal ganglion cell topography and spatial resolving power in penguins ». *Brain Behavior and Evolution* 80 : 254-268.
COLE T.L. *et al.* 2019. « Mitogenomes uncover extinct penguin taxa and reveal island

formation as a key driver of speciation ». *Molecular Biology and Evolution* DOI: 10.1093/molbev/msz017
COLLINS C. J. *et al.* 2014. « Extinction and recolonization of coastal megafauna following human arrival in New Zealand ». *Proceedings of the Royal Society B: Biological Sciences* 281: 20140097. http://dx.doi.org/10.1098/rspb.2014.0097
COSTA D. P. 1991. « Reproductive and foraging energetics of high latitude penguins, albatrosses and pinnipeds : Implications for life history patterns ». *American Zoologist* 31 : 111-130.
COTE S., DEWASMES G. 1999. « Do sleeping king penguins influence the movement of conspecifcs through a colony? » *Polar Biology* 22 : 13 - 26.
COTTE C., PARK Y.-H., GUINET C., BOST C.-A. 2007. « Movements of foraging king penguins through marine mesoscale eddies ». *Proceedings of the Royal Society B: Biological Sciences* 274 : 2385-2391.
CRAWFORD R. *et al.* 2017. « Tangled and drowned: a global review of penguin bycatch in fisheries ». *Endangered Species Research* 34 : 373-396.
CRISTOFARI R., LIU X., BONADONNA F., CHEREL Y., PISTORIUS P., LE MAHO Y., RAYBAUD V., STENSETH N. C., LE BOHEC C., TRUCCHI E. 2018. « Climate-driven range shifts of the king penguin in a fragmented ecosystem ». *Nature Climate Change* 8 (3) DOI: 10.1038/s41558-018-0084-2
CULIK B., WILSON R. P. 1991. « Penguins crowded out ? » *Nature* 351 : 340.
CULIK B., HENNICKE J., MARTIN T. 2000. « Humboldt penguins outmanoeuvring El Niño ». *The Journal of Experimental Biology* 203 : 2311–2322.
CULIK B. M., WILSON R. P., BANNASCH R. 1993. « Flipper-bands on penguins: what is the cost of a long life commitment ? » *Marine Ecology Progress Series* 98 : 209-214.
CULIK B. M., BANNASCH R., ANDWILSON R. P. 1994. « External devices on penguins: how important is shape? » *Marine Biology* 118 : 353-357.
CUNNINGHAM G. B., BONADONNA F. 2015. « King penguins can detect two odours associated with conspecifics ». *Journal of Experimental Biology* 218 : 3374-3376.
CUNNINGHAM G. B, STRAUSS V., RYAN P. G. 2008. « African penguins *(Spheniscus demersus)* can detect dimethyl sulphide, a prey-related odour ». *The Journal of Experimental Biology* 211 : 3123-3127.
DEHNHARD N., LUDYNIA K., POISBLEAU M., DEMONGIN L., QUILLFELDT P. 2013. « Good days, bad days: wind as a driver of foraging success in a flightless seabird, the Southern Rockhopper Penguin ». *PLoS ONE* 8(11) : e79487. doi :10.1371/journal.pone.0079487
DESCAMPS S., GAUTHIER-CLERC M., GENDNER J.-P., LE MAHO Y. 2002. « The annual breeding cycle of unbanded king penguins *Aptenodytes patagonicus* on Possession Island (Crozet) ». *Avian Science* 2 : 87-98.
DESCAMPS S., GAUTHIER-CLERC M., LE BOHEC C., GENDNER J.-P., LE MAHO Y. 2005. « Impact of predation on king penguin *Aptenodytes patagonicus* in Crozet Archipelago ». *Polar Biology* 28 : 303-310.
DEWASMES G., TELLIEZ F. 2000. « Tactile arousal threshold of sleeping king penguins in a breeding colony ». *Journal of Sleep Research* 9 : 255-259.
DEWASMES G., BUCHET C., GELOEN A., LE MAHO Y. 1989. « Sleep changes in emperor penguins during fasting ». *American Journal of Physiology – Regulatory, Integrative and Comparative Physiology* 256 : 476-480.
DORST J. 1956. « L'exploitation du guano au Pérou. La protection de la nature au service de l'économie humaine ». *La Terre et La Vie* 2 : 49-63.
DRESP B., JOUVENTIN P. LANGLEY K. 2005. « Ultraviolet reflecting photonic microstructures in the King Penguin beak ». *Biology Letters* 1 : 310-313.
DUNN M. J., SILK J. R. D., TRATHAN P. N. 2011. « Post-breeding dispersal of Adélie penguins (*Pygoscelis adeliae*) nesting at Signy Island, South Orkney Islands ». *Polar Biology* 34 : 205-214.
EICHHORN G., GROSCOLAS R., LE GLAUNEC G., PARISEL C., ARNOLD L., MEDINA P., HANDRICH Y. 2011. « Heterothermy in growing king penguins ». *Nature communications* 2 : 435 DOI: 10.1038/ncomms1436
ELLENBERG U., MATTERN T., SEDDON P.J. 2013. « Heart rate responses provide an objective evaluation of human disturbance stimuli in breeding birds ». *Conservation Physiology* 1 : doi : 10.1093/conphys/cot013
FRENOT Y., DE OLIVEIRA E., GAUTHIER-CLERC M., DEUNFF J., BELLIDO A., VERNON P. 2001. « Life-cycle of the tick *Ixodes uriae* (White, 1852) in penguin colonies: relationships with host breeding activity ». *International Journal for Parasitology* 31 : 1040-1047
FRETWELL P. T., LARUE M. A., MORIN P., KOOYMAN G. L., WIENECKE B. *et al.* 2012. « An Emperor Penguin population estimate : the first global, synoptic survey of a species from space ». *PLoS ONE* 7(4) : e33751. doi :10.1371/journal.pone.0033751
FRETWELL P. T., TRATHAN P. N., WIENECKE B., KOOYMAN G. L. 2014. « Emperor Penguins Breeding on Iceshelves ». *PLoS ONE* 9(1) : e85285. doi :10.1371/journal.pone.0085285
FROGET G., GAUTHIER-CLERC M., LE MAHO Y., HANDRICH Y. 1998. « Is Penguin banding harmless? » *Polar Biology* 20 : 409-413.
FRUGONE M. J. *et al.* 2018. « Contrasting phylogeographic pattern among *Eudyptes* penguins around the Southern Ocean ». *Scientific Reports* 8 (1) DOI : 10.1038/s41598-018-35975-3
FUSARO B., LIBERTELLI M., ANSALDO M., CORIA N. R, DIAZ J. I. 2018. « Gastrointestinal helminths of Emperor Penguin (*Aptenodytes forsteri*) from Antarctica ». *Polar Biology* https://doi.org/10.1007/s00300-018-2289-2.
GABIROT M., BUATOIS B., MÜLLER C. T., BONADONNA F. 2018. « Odour of King Penguin feathers analysed using direct thermal desorption discriminates between individuals but not sexes ». *Ibis* 160 : 379-389.
GANDINI P., DEE BOERSMA P., FRERE E., GANDINI M., HOLIK T., LICHTSCHEIN V. 1994. « Magellanic penguins *(Spheniscus magellanicus)* affected by chronic petroleum pollution along coast of Chubut, Argentina ». *The Auk* 111 : 20-27.
GAUTHIER-CLERC M., ETERRADOSSI N., TOQUIN D., GUITTET Ml., KUNTZ Gg., LE MAHO Y. 2002. « Serological survey of the King penguin, *Aptenodytes patagonicus,* in Crozet Archipelago for antibodies to infectious bursal disease, influenza A and Newcastle disease viruses ». *Polar Biology* 25 : 316-319.
GAUTHIER-CLERC M. 2007. *Pôles en péril.* Éditions Buchet-Chastel, Paris.
GAUTHIER-CLERC M., CLERQUIN Y., HANDRICH Y. 1998. « Hyperinfestation by ticks *Ixodes uriae*: a possible cause of death in adult of King Penguin, a long-lived seabird ». *Colonial Waterbirds* 21 : 229-233.
GAUTHIER-CLERC M., GENDNER J.-P., RIBIC C. A., FRASER W. R., WOEHLER E. J., DESCAMPS S., GILLY C., LE BOHEC C., LE MAHO Y. 2004. « Long-term effects of flipper-bands on penguins ». *Biology Letters* 271 : S423-S426.
GAUTHIER-CLERC M., JAULHAC B., FRENOT Y., BACHELARD C., MONTEIL H., LE MAHO Y., HANDRICH Y. 1999. « Prevalence of *Borrelia burgdorferi* (the Lyme disease agent) antibodies in King penguin *Aptenodytes patagonicus* in Crozet Archipelago. *Polar Biology* 22 : 141-143.
GAUTHIER-CLERC M., LE MAHO Y., CLERQUIN Y., BOST C.-A., HANDRICH Y. 2002. « Seabird reproduction in an unpredictable environment: how king penguins provide their young chicks with food ». *Marine Ecology Progress Series* 237 : 291-300.
GAUTHIER-CLERC M., LE MAHO Y., CLERQUIN Y., DRAULT S., HANDRICH Y. 2000. « Penguin fathers store food for their chicks ». *Nature* 408 : 928-929.
GAUTHIER-CLERC M., LE MAHO Y., GENDNER J. P., DURANT J., HANDRICH Y. 2001. « State-dependent decisions during courtship and

incubation long-term fasts in king penguin ». *Animal Behaviour* 62 : 661-669.
GAUTHIER-CLERC M., LE MAHO Y., GENDNER J. P., HANDRICH Y. 2002. « Moulting fast and time constraint for reproduction in the king penguin ». *Polar Biology* 25 : 288-295.
GAUTHIER-CLERC M., MANGIN S., LE BOHEC C., GENDNER J. P., LE MAHO Y. 2003. « Comparison of behaviour, body mass, haematocrit level and site fidelity between infested and non-infested king penguin *Aptenodytes patagonicus* by ticks *Ixodes uriae* ». *Polar Biology* 26 : 379-382.
GAUTHIER-CLERC M., MESLEARD F., BLONDEL J. (ed.). 2014. *Sciences de la conservation.* Éditions De Boeck Université, Bruxelles.
GAUTHIER-CLERC M., THOMAS F. (eds). 2010. *Écologie de la Santé et Biodiversité.* Éditions De Boeck Université, Bruxelles.
GAVRYUSHKINA A., HEATH T.A., KSEPKA D. T., STADLER T., WELCH D., DRUMMOND A. J. 2017. « Bayesian Total-Evidence Dating Reveals the Recent Crown Radiation of Penguins ». *Systematic Biology* 66 : 57-73.
GILBERT C., BLANC S., LE MAHO Y., ANCEL A. 2008. « Energy-saving processes in huddling emperor penguins: from experiments to theory ». *The Journal of Experimental Biology* 211 : 1-8.
GROSCOLAS R., DECROCK F., THIL M.-A., FAYOLLE C., BOISSERY C., ROBIN J.-P. 2000. « Refeeding signal in fasting-incubating king penguins: changes in behavior and egg temperature ». *American Journal of Physiology* 279 : R2104-R2112.
GROSSER S., RAWLENCE N. J., ANDERSON C. N. K., SMITH I. W. G., SCOFIELD R. P., WATERS J. M. 2016. « Invader or resident? Ancient-DNA reveals rapid species turnover in New Zealand little penguins ». *Proceedings of the Royal Society B: Biological Sciences* 283(1824) http://dx.doi.org/10.1098/rspb.2015.2879.
GUINARD G., MARCHAND D., COURANT F., GAUTHIER-CLERC M., LE BOHEC C. 2010. « Morphology, ontogenesis and mechanics of cervical vertebrae in four species of penguins (Aves: *Spheniscidae*) ». *Polar Biology* 33 : 807-822.
GUINET C., JOUVENTIN P., MALACAMP J. 1995. « Satellite remote sensing in monitoring change of seabirds: use of Spot Image in King Penguin population increase at Ile aux Cochons, Crozet Archipelago ». *Polar Biology* 15 : 511-515.
HANDRICH Y., BEVAN J. B., CHARASSIN J. B., PÜTZ K., BUTLER P. J., LAGE J., WOAKES A. J., LE MAHO Y. 1997. « Diving hypothermia in foraging king penguins ». *Nature* 388 : 64-67.
HERNANDEZ J., GONZALEZ-ACUNA D. 2016. « Anthropogenic antibiotic resistance genes mobilization to the polar regions ». *Infection Ecology and Epidemiology* 6 : 32112 - http://dx.doi.org/10.3402/iee.v6.32112
HEUPINK T. H., VAN DEN HOFF J., LAMBERT D. M. 2010. « King penguin population on Macquarie Island recovers ancient DNA diversity after heavy exploitation in historic times ». *Biology Letters* 8 : 586-589.
HINDELL M. A., LEA C., HULL L. 1996. « The effects of flipper bands on adult survival rate and reproduction in the Royal Penguin, *Eudyptes schlegeli* ». *Ibis* 138 : 557-560.
HORSWILL C., TRATHAN P. N., RATCLIFFE N. 2017. « Linking extreme interannual changes in prey availability to foraging behaviour and breeding investment in a marine predator, the macaroni penguin ». *PLoS ONE* 12(9): e0184114. https://doi.org/10.1371/journal.pone.0184114
HURT A. C., SU Y. C. F., ABAN M., PECK H., LAU H., BAAS C., DENG Y. M., SPIRASON N., ELLSTRÖM P., HERNANDEZ J., OLSEN B., BARR I. G., VIJAYKRISHNA D., GONZALEZ-ACUNA D. 2016. « Evidence for the introduction, reassortment, and persistence of diverse influenza A viruses in Antarctica ». *Journal of Virology* 90 : 9674 -9682. doi:10.1128/JVI.01404-16.
HURT A.C., VIJAYKRISHNA D., BUTLER J., BAAS C., MAURER-STROH S., SILVA-DE-LA-FUENTE M. C., MEDINA-VOGEL G., OLSEN B., KELSO A., BARR I.G., GONZALEZ-ACUÑA D. 2014. « Detection of evolutionarily distinct avian influenza A viruses in Antarctica ». *mBio* 5(3) : e01098-14. doi : 10.1128/mBio.01098-14.
KNOWER STOCKARD T., HEIL J., MEIR J. U, SATO K., PONGANIS K. V., PONGANIS P. J. 2005. « Air sac PO2 and oxygen depletion during dives of emperor penguins ». *The Journal of Experimental Biology* 208 : 2973-2980.
JADWISZCZAK P., ROTHSCHILD B.M. 2017. « The first evidence of an infectious disease in early penguins ». *Historical Biology* https://doi.org/10.1080/08912963.2017.1353606
JARMAN S.N., MCINNES J.C., FAUX C., POLANOWSKI A.M., MARTHICK J. *et al.* 2013. « Adélie penguin population diet monitoring by analysis of food DNA in scats ». *PLoS ONE* 8(12): e82227. doi:10.1371/journal.pone.0082227
JANES D.N. 1997. « Osmoregulation by Adélie penguin chicks on the Antarctic Peninsula ». *The Auk* 114 : 488-495.
JENOUVRIER S., CASWELLA H., BARBRAUD C., HOLLAND M., STROEVED J., WEIMERSKIRCH H. 2009. « Demographic models and IPCC climate projections predict the decline of an emperor penguin population ». PNAS 106 : 1844-1847.
JIGUET F., JOUVENTIN P. 1999. « Individual breeding decisions and long-term reproductive strategy in the King Penguin *Aptenodytes patagonicus* ». *Ibis* 141 : 428-433.
JOHANSSON H., ELLSTROM P., ARTURSSON K., BERG C., BONNEDAHL J., HANSSON I. *et al.* 2018. « Characterization of *Campylobacter* spp. Isolated from wild birds in the Antarctic and Sub-Antarctic ». *PLoS ONE* 13(11): e0206502. https://doi.org/10.1371/journal.pone.0206502
JOUVENTIN P. 2007. « Coloured and UV ornaments reveal age in the king penguin ». *Polar Biology* 24 : 378-382.
JOUVENTIN P., LAGARDE F. 1995. « Evolutionary ecology of the king penguin *(Aptenodytes patagonicus)* : the self regulation of the breeding cycle ». In: DANN P., NORMAN I., REILLY P. (ed.). *The Penguins : Ecology and Management*, p. 80-95. Surrey Beatty, Chipping Norton, Australia.
JOUVENTIN P., BARBRAUD C., RUBIN M. 1995. « Adoption in the emperor penguin, *Aptenodytes forsteri* ». *Animal Behaviour* 50 : 1023-1029.
JOUVENTIN P., NOLAN P. M., DOBSON F. S., NICOLAUS M. 2007. « Coloured patches influence pairing in King Penguins ». *Ibis* 150 : 193-196.
JOUVENTIN P., DOBSON F. S. 2017. *Why Penguins Communicate: The Evolution of Visual and Vocal Signals.* Academic Press.
KARESH W. B., UHART M. M., FRERE E., GANDINI P., BRASELTON E., PUCHE H., COOK R. A. 1999. « Health evaluation of free-ranging rockhopper penguins (*Eudyptes chrysocome*) in Argentina ». *Journal of Zoo and Wildlife Medicine* 30 : 25-31.
KIRKWOOD R., ROBERTSON G. 1997. « Seasonal change in the foraging ecology of emperor penguins on the Mawson Coast, Antarctica ». *Marine Ecology Progress Series* 156 : 205-223.
KLUSENER R., HURTADO R., PARSONS N. J., VANSTREELS R. E. T., STANDER N., VAN DER SPUY S. *et al.* 2018. « From incubation to release: Hand-rearing as a tool for the conservation of the endangered African penguin ». *PLoS ONE* 13(11) : e0205126. https://doi.org/10.1371/journal.pone.0205126
KOOYMAN G. L., CHEREL Y., LE MAHO Y., CROXALL J. P., THORSON P. H., RIDOUX V., KOOYMAN C. A. 1992. « Diving behavior and energetics during foraging cycles in king penguins ». *Ecological Monographs* 62 : 143-163.
KOUBBI P. 1993. « Influence of the frontal zones on ichthyoplankton and mesopelagic fish assemblages in the Crozet Basin (Indian sector of the Southern Ocean) ». *Polar Biology* 13 : 557-564.
KSEPKA D. T., CLARKE J. A., DEVRIES T. J., URBINA M. 2008. « Osteology of *Icadyptes salasi*, a giant penguin from the Eocene of Peru ». *Journal of Anatomy* 213 : 131-147.
KSEPKA D. T., THOMAS D. B. 2011. « Multiple Cenozoic invasions of Africa by penguins (*Aves, Sphenisciformes*) ». *Proceedings of the Royal*

Society B: Biological Sciences 279 : 1027-1032.
LE BOHEC C., GAUTHIER-CLERC M., LE MAHO Y. 2005. « The adaptive significance of crèching behaviour in the king penguin, *Aptenodytes patagonicus* ». *Animal Behaviour* 70 : 527-538.
LE BOHEC C., GAUTHIER-CLERC M., GENDNER J.-P., CHATELAIN N., LE MAHO Y. 2003. « Nocturnal predation of King Penguin by Giant Petrels on Crozet Islands ». *Polar Biology* 26 : 587-590.
LE BOHEC C., GAUTHIER-CLERC M., GREMILLET D., PRADEL R., BECHET A., GENDNER J. P., LE MAHO Y. 2007. « Population dynamics in a long-lived seabird: I: Impact of breeding activity on survival and breeding probability in unbanded king penguins ». *Journal of Animal Ecology* 76 : 1149-1160.
LE BOHEC C., DURANT J. M., GAUTHIER-CLERC M., GREMILLET D., STENSETH N., PRADEL R., PARK Y.H., GENDNER J.-P., LE MAHO Y. 2008. « King penguin population threatened by the Southern Ocean Warming ». *Proceedings of the National Academy of Sciences* USA 105 : 2493-2497.
LE MAHO Y., LE BOHEC C., GAUTHIER-CLERC M., GREMILLET D. 2006. « Comment les oiseaux marins font face aux conséquences des changements climatiques ». *In* : BARD E. (ed.) *L'Homme face au climat,* p. 205-226. Éditions Odile Jacob, Paris.
LE VAILLANT M., WILSON R. P., KATO A., SARAUX C., HANUISE N., PRUD'HOMME O., LE MAHO Y., LE BOHEC C., ROPERT-COUDERT Y. 2012. « King penguins adjust their diving behaviour with age ». *The Journal of Experimental Biology* 215 : 3685-3692.
LEE L., TIRRELL N., BURRELL C., CHAMBERS S., VOGEL S., DOMYAN E.T. 2018. « Genetic tests reveal extra-pair paternity among Gentoo penguins (*Pygoscelis papua ellsworthii*) at Loveland Living Planet Aquarium: Implications for ex situ colony management ». *Zoo Biology* 37(10) doi: 10.1002/zoo.21432
LEVY H. *et al.* 2016. « Population structure and phylogeography of the Gentoo penguin (*Pygoscelis papua*) across the Scotia Arc ». *Ecology and Evolution* 6 : 1834-1853.
LI C. *et al.* 2014. « Two Antarctic penguin genomes reveal insights into their evolutionary history and molecular changes related to the Antarctic environment ». *GigaScience* 3:27 http://www.gigasciencejournal.com/content/3/1/27
MAJOR L., LINN M. L., SLADE R. W., SCHRODER W. A., HYATT A. D. *et al.* 2009. « Ticks associated with Macquarie island penguins carry arboviruses from four genera ». *PLoS ONE* 4(2): e4375. doi:10.1371/journal.pone.0004375
MANGIN S., GAUTHIER-CLERC M., FRENOT Y., GENDNER J.-P., LE MAHO Y. 2003. « Ticks *Ixodes uriae* and the breeding performance of a colonial seabird, King Penguin *Aptenodytes patagonicus* ». *Journal of Avian Biology* 34 : 31-34.
MARION N., LE BOHEC C., NOLAN P. M., GAUTHIER-CLERC M., LE MAHO Y., KOMDEUR J., MARION R. 1995. *Guide des manchots.* Delachaux et Niestlé, Paris.
MARTINEZ J. I. Z., TRAVAINI A., ZAPATA S., PROCOPIO D., SANTILLAN M. A. 2012. « The ecological role of native and introduced species in the diet of the puma *Puma concolor* in southern Patagonia ». *Oryx* 46(01) DOI : 10.1017/S0030605310001821
MATTERN T., PÜTZ K., GARCIA-BORBOROGLU P., ELLENBERG U., HOUSTON D. M., LONG R. *et al.* 2018. « Marathon penguins – Reasons and consequences of long-range dispersal in Fiordland penguins / Tawaki during the pre-moult period ». *PLoS ONE* 13 (8): e0198688. https://doi.org/10.1371/journal.pone.0198688
MAYR G., DE PIETRI V. L., SCOFIELD R. P. 2017. « A new fossil from the mid-Paleocene of New Zealand reveals an unexpected diversity of world's oldest penguins ». *The Science of Nature* 104 : 9 DOI 10.1007/s00114-017-1441-0
MAYR G., SCOFIELD R. P., DE PIETRI V. L., TENNYSON A. J. D. 2017. « A Paleocene penguin from New Zealand substantiates multiple origins of gigantism in fossil Sphenisciformes ». *Nature Communications* 8(1) DOI: 10.1038/s41467-017-01959-6.
MCCAFFERTY D. J., GILBERT C., THIERRY A.-M., CURRIE J., LE MAHO Y., ANCEL A. 2013 « Emperor penguin body surfaces cool below air temperature ». *Biology Letters* 9 : 20121192. http://dx.doi.org/10.1098/rsbl.2012.1192
MEZGEC K. *et al.* 2017. « Holocene sea ice variability driven by wind and polynya efficiency in the Ross Sea ». *Nature Communications* 8 (1) DOI: 10.1038/s41467-017-01455-x
MOORE G. J., WIENECKE B., ROBERTSON G. 1999. « Seasonal change in foraging areas and dive depths of breeding king penguins at Heard Island ». *Polar Biology* 21 : 376-384.
NEIRA V., TAPIA R., VERDUGO C., BARRIGA G., MOR S., NG T. F. F, GARCIA V., RIO J. D, RODRIGUES P., BRICEÑO C., MEDINA R. A, GONZALEZ-ACUÑA D. 2017. « Novel Avulaviruses in Penguins, Antarctica ». *Emerging Infectious Diseases* 23(7) DOI: 10.3201/eid2307.170054
NESTEROVA A. P., CHIFFARD J., COUCHOUX C., BONADONNA F. 2013. « The invisible cues that guide king penguin chicks home: use of magnetic and acoustic cues during orientation and short-range navigation ». *The Journal of Experimental Biology* 216 : 1491-1500.
NESTEROVA A. P., MARDON J., BONADONNA F. 2009. « Orientation in a crowded environment: can King Penguin (*Aptenodytes patagonicus*) chicks find their crèches after a displacement? » *The Journal of Experimental Biology* 212 : 201-216.
NICOLAS M., LE BOHEC C., NOLAN P. M., GAUTHIER-CLERC M., LE MAHO Y., KOMDEUR J., OLSSON O. 1996. « Seasonal effects of timing and reproduction in the King Penguin: a unique breeding cycle ». *Journal of Avian Biology* 27 : 7-14.
OLSSON O. 1997. « Clutch abandonment: a state-dependent decision in king penguins ». *Journal of Avian Biology* 28 : 264-267.
OLSSON O. 1998. « Divorce in King Penguins: asynchrony, expensive fat storing and ideal free mate choice ». *Oikos* 83 : 574-581.
ORGERET F., WEIMERSKIRCH H., BOST C.-A. 2016. « Early diving behaviour in juvenile penguins: improvement or selection processes ». *Biology Letters* 12 : 20160490. http://dx.doi.org/10.1098/rsbl.2016.0490
PARK T., FITZGERALD E.M.G. 2012. « A review of Australian fossil penguins (*Aves: Sphenisciformes*) ». *Memoirs of Museum Victoria* 69 : 309-325.
PARK T., FITZGERALD E. M. G., GALLAGHER S. J., TOMKINS E., ALLAN T. 2016. « New Miocene Fossils and the History of Penguins in Australia ». *PLoS ONE* 11 (4): e0153915. doi:10.1371/journal.pone.0153915.
PAYNE N. L., TAYLOR M. D., WATANABE Y. Y, SEMMENS J. M. 2014. « From physiology to physics: are we recognizing the flexibility of biologging tools? » *The Journal of Experimental Biology* 217 : 317-322 doi:10.1242/jeb.093922
PICHEGRU L., GREMILLET D., CRAWFORD R. J. M., RYAN P. G. 2010. « Marine no-take zone rapidly benefits endangered penguin ». *Biology Letters* 6 : 498-501.
PICHEGRU L., NYENGERA R., MCINNES A. M., PISTORIUS P. 2017. « Avoidance of seismic survey activities by penguins ». *Scientific Reports* 7(1) DOI: 10.1038/s41598-017-16569-x
PONGANIS P. J., KOOYMAN G. L., STARKE L. N., KOOYMAN C. A., KOOYMAN T. G. 1997. « Post-dive blood lactate concentrations in Emperor penguins, *Aptenodytes forsteri* ». *Journal of Experimental Biology* 200 : 1623-1626.
PONGANIS P. J., STARKE L. N., HORNING M., KOOYMAN G. L. 1999. « Development of diving capacity in emperor penguins ». *The Journal of Experimental Biology* 202 . 781–786.
PREVOST J., VILTER V. 1963. « Histologie de la sécrétion œsophagienne du Manchot empereur ». *Proceedings of the International Ornithological Congress* 13th, 2 : 1085-1094.
PUETZ K., CHEREL Y. 2005. « The diving behaviour of brooding king penguins (*Aptenodytes patagonicus*) from the Falkland

Islands: variation in dive profiles and synchronous underwater swimming provide new insights into their foraging strategies ». *Marine Biology* 147 : 281-290.
PÜTZ K., BOST C.-A. 1994. « Feeding behavior of free-ranging King Penguin (*Aptenodytes patagonicus*) ». *Ecology* 75 : 489-497.
RACLOT T., GROSCOLAS R., CHEREL Y. 1998. « Fatty acid evidence for the importance of myctophid fishes in the diet of king penguins, *Aptenodytes patagonicus* ». *Marine Biology* 132 : 523-533.
RAWLENCE N. J., TENNYSON A. J. D, COLE T. L., VERRY A. J. F. SCOFIELD R.P. 2018. « Evidence for breeding of Megadyptes penguins in the North Island at the time of human arrival ». *New Zealand Journal of Zoology*, DOI: 10.1080/03014223.2018.1523202
RICKLEFS R. E. 1983. « Some considerations on the reproductive energetics of pelagic seabirds ». *Studies in Avian Biology* 8 : 84-94.
RICKLEFS R. E., SCHEW W.A. 1994. « Foraging stochasticity and lipid accumulation by nestling petrels ». *Functional Ecology* 8 : 159-170.
ROBERTS S. J. *et al.* 2017. « Past penguin colony responses to explosive volcanism on the Antarctic Peninsula ». *Nature Communications* 8 : 14914 DOI: 10.1038/ncomms14914
ROBIN J.-P., BOUCONTET L., CHILLET P., GROSCOLAS R. 1998. « Behavioral changes in fasting emperor penguins: evidence for a "refeeding signal" linked to a metabolic shift ». *American Journal of Physiology* 274 : R746-R753.
ROBY D.R., BRINK K.L., PLACE A.R. 1989. « Relative passage rates of lipid and aqueous digesta in the formation of stomach oils ». *The Auk* 106 : 303-313.
ROPERT-COUDERT Y., KATO A., CHIARADIA A. 2009. « Impact of small-scale environmental perturbations on local marine food resources: a case study of a predator, the Little penguin ». *Proceedings of the Royal Society B: Biological Sciences* 276 : 4105-4109.
SALA J. E., WILSON R. P., QUINTANA F. 2012. « How Much Is Too Much? Assessment of prey consumption by Magellanic penguins in patagonian colonies ». *PLoS ONE* 7(12): e51487. doi:10.1371/journal.pone.0051487
SARAUX C., LE BOHEC C., DURANT J.M., VIBLANC V.A., GAUTHIER-CLERC M., BEAUNE D., PARK Y. H., YOCCOZ N. G., STENSETH N. C., LE MAHO Y. 2011. « Reliability of flipper-banded penguins as indicators of climate change ». *Nature* 469 : 203-206.
SCHRAMM F., GAUTHIER-CLERC M., FOURNIER J. C., MCCOY K. D., BARTHEL C., POSTIC D., HANDRICH Y., LE MAHO Y., JAULHAC B. 2014. « First detection of *Borrelia burgdorferi* sensu lato DNA in king penguins (*Aptenodytes patagonicus halli*). *Ticks Tick Borne Diseases* 5 : 939-942.
SCHULL Q., ROBIN J. P., DOBSON F. S., SAADAOUI H., VIBLANC V.A., BIZE P. 2017. « Experimental stress during molt suggests the evolution of condition-dependent and condition-independent ornaments in the king penguin ». *Ecology and Evolution* 8 : 1084-1095.
SCHWARTZ M. K., BONESS D. J., SCHAEFF C. M., MAJLUF P., PERRY E. A., FLEISCHER R. C. 1999. « Female-solicited extrapair matings in Humboldt penguins fail to produce extrapair fertilizations ». *Behavioral Ecology* 10 : 242-250.
SHEPHERD L. D., MILLAR C. D., BALLARD G., AINLEY D. G., WILSON P. R., HAYNES G. D., BARONI C., LAMBERT D. M. 2005. « Microevolution and mega-icebergs in the Antarctic ». PNAS 102 : 16717-16722.
SHIOMI K., SATO K., PONGANIS P. J. 2012. « Point of no return in diving emperor penguins: Is the timing of the decision to return limited by the number of strokes? » *Journal of Experimental Biology* 215 : 135-40.
SMITH N. D. 2010. « Phylogenetic analysis of pelecaniformes *(Aves)* based on osteological data: implications for waterbird phylogeny and fossil calibration studies ». *PLoS ONE* 5(10): e13354. doi:10.1371/journal.pone.0013354
SPARKS J., SOPER T. 1987. *Penguins.* David & Charles, Newton Abbot, London.
SUBRAMANIAN S., BEANS-PICON G., SWAMINATHAN S. K., MILLAR C. D., LAMBERT D. M. 2013. « Evidence for a recent origin of penguins ». *Biology Letters* 9 : 20130748. http://dx.doi.org/10.1098/rsbl.2013.0748
SUBRAMANIAN S., BEANS-PICON G., SWAMINATHAN S. K., MILLAR C. D., LAMBERT D. M., SUTTON G. J., HOSKINS A. J., ARNOULD J. P. 2015. « Benefits of group foraging depend on prey type in a small marine predator, the Little penguin ». *PloS ONE* 10: e0144297.
TAKAHASHI A., SATO K., NAITO Y., DUNN M., TRATHAN P., CROXALL J. 2004. « Penguin-mounted cameras glimpse underwater group behaviour ». *Proceedings of the Royal Society of London Series B: Biological Sciences* 271 : S281-S282.
TAKAHASHI A. *et al.* 2018. « Migratory movements and winter diving activity of Adélie penguins in East Antarctica ». *Marine Ecology Progress Series* 589 : 227-239.
THIEBOT J.-B. 2017. « Jellyfish and other gelata as food for four penguin species – Insights from predator-borne videos ». *Frontiers in Ecology and the Environment* doi: 10.1002/fee.1529
THIEBOT J.-B., LESCROËL A., BARBRAUD C., BOST C. A. 2013. « Three-dimensional use of marine habitats by juvenile emperor penguins *Aptenodytes forsteri* during post-natal dispersal ». *Antarctic Science* 25 : 536-544.
THOMAS D.B., FORDYCE R.W. 2012. « Biological plasticity in penguin heat-retention structures ». *The Anatomical Record* 295 : 249-256.
THOUZEAU C., LE MAHO Y., FROGET G., SABATIER L., LE BOHEC C., HOFFMANN J. A., BULET P. 2003. « Spheniscins, avian beta-defensis in preserved stomach contents of the King penguin, *Aptenodytes patagonicus* ». *The Journal of Biological Chemistry* 278 : 51053-51058.
TRATHAN P. N. *et al.* 2014. « Pollution, habitat loss, fishing and climate change as critical threats to penguins ». *Conservation Biology* 29 : 31-41
TRATHAN P. N., FRETWELL P. T., STONEHOUSE B. 2011. « First recorded loss of an Emperor penguin colony in the recent period of antarctic regional warming: implications for other colonies ». *PLoS ONE* 6(2) : e14738. doi :10.1371/journal.pone.0014738
TREMBLAY Y., CHEREL Y. 1999. « Synchronous Underwater Foraging Behavior in Penguins ». *The Condor* 101 : 179-185.
TRUCCHI E., GRATTON P., WHITTINGTON J. D., CRISTOFARI R., LE MAHO Y., STENSETH N. C., LE BOHEC C. 2014. « King penguin demography since the last glaciation inferred from genome-wide data ». *Proceedings of the Royal Society B: Biological Sciences* 281:20140528. http://dx.doi.org/10.1098/rspb.2014.0528.
UNDERHILL L. G., BARTLETT P. A., BAUMANN L., CRAWFORD R. J. M., DYER B. M., GILDENHUYS A., NEL D. C., OATLEY T. B., THORNTON M., UPFOLD L., WILLIAMS A. J., WHITTINGTON P. A., WOLFAARDT A. C. 1999. « Mortality and survival of African Penguins *Spheniscus demersus* involved in the Apollo Sea oil spill: an evaluation of rehabilitation efforts ». *Ibis* 141 : 29-37.
VAN HEEZIK Y. M., SEDDON P. J., COOPER J., PLÖS A. L. 1994. « Interrelationships between breeding frequency, timing and outcome in King Penguins *Aptenodytes patagonicus:* are King Penguins biennial breeders? » *Ibis* 136 : 279-284.
VIBLANC V. A., DOBSON F. S., STIER A., SCHULL Q., SARAUX C., GINESTE B., PARDONNET S., KAUFFMANN M., ROBIN J.-P., BIZE P. 2016. « Mutually honest? Physiological "qualities" signalled by colour ornaments in monomorphic king penguins ». *Biological Journal of the Linnean Society* 118 : 200-214.
VIBLANC V. A., SMITH A. D., GINESTE B., GROSCOLAS R. 2012. « Coping with continuous human disturbance in the wild: insights from penguin heart rate response to various stressors ». *BMC Ecology* 12 : 10. http://www.biomedcentral.com/1472-6785/12/10
WATANABE S., SATO K., PONGANIS P. J. 2012. « Activity Time Budget during Foraging Trips of Emperor Penguins ». *PLoS ONE* 7(11): e50357. doi:10.1371/journal.pone.0050357

WATANABE Y. Y., TAKAHASHI A. 2013. « Linking animal-borne video to accelerometers reveals prey capture variability ». PNAS 110 : 2199-2204.

WEIMERSKIRCH H., STAHL J.-C., JOUVENTIN P. 1992. « The breeding biology and population dynamics of King Penguins *Aptenodytes patagonica* ». *Ibis* 134 : 107-117.

WIENECKE B., ROBERTSON G., KIRKWOOD R., LAWTON K. 2007. « Extreme dives by free-ranging emperor penguins ». *Polar Biology* 30 : 133-142.

WILLIAMS T.D. 1995. *The penguins.* Oxford University Press.

WILSON R. P., PÜTZ K., BOST C.A., CULIK B.M., BANNASCH R., REINS T., ADELUNG D. 1993. « Diel dive depth in penguins in relation to diel vertical migration of prey: whose dinner by candlelight ». *Marine Ecology Progress Series* 94 : 101-104.

WILSON R. P., RYAN P. G., WILSON M. P. 1989. « Sharing food in the stomachs of seabirds between adults and chicks – A case for delayed gastric emptying ». *Comparative Biochemistry and Physiology* 94A : 461-466.

WRIGHT K. L. B, PICHEGRU L., RYAN P.G. 2011. « Penguins are attracted to dimethyl sulphide at sea ». *The Journal of Experimental Biology* 214 : 2509-2511.

YODA K., SATO K., NIIZUMA Y., KURITA M., BOST C.-A., LE MAHO Y., NAITO Y. 1999. « Precise monitoring of porpoising behaviour of Adélie penguins determined using acceleration data loggers ». *Journal of Experimental Biology* 202 : 3121-3126.

YORIO P., DEE BOERSMA P. 1994. « Causes of nest desertion during incubation in the magellanic penguin (*Spheniscus magellanicus*) ». *Condor* 96 : 1076-1083.

YOUNGER J., EMMERSON L., SOUTHWELL C., LELLIOTT P., MILLER K. 2015. « Proliferation of East Antarctic Adélie penguins in response to historical deglaciation ». *BMC Evolutionary Biology* 15 : 236. DOI 10.1186/s12862-015-0502-2

ZIMMER I., WILSON R.P., BEAULIEU M., ANCEL A., PLÖTZ J. 2008. « Seeing the light: depth and time restrictions in the foraging capacity of emperor penguins at Pointe Géologie, Antarctica ». *Aquatic Biology* 3 : 217-226.

ZITTERBART D. P., WIENECKE B., BUTLER J. P., FABRY B. 2011. « Coordinated movements prevent jamming in an emperor penguin huddle ». *PLoS ONE* 6(6): e20260.doi:10.1371/journal.pone.0020260

REMERCIEMENTS

Mes remerciements vont tout d'abord aux ami.e.s et collègues chercheur.se.s qui m'ont aimablement fourni leurs magnifiques photos de manchots du monde entier : André Ancel, Gilles Cauvin, Diane Colombelli-Négrel, Laurent Demongin, Peter Fretwell, Olivier Glaizot et le Musée cantonal de zoologie de Lausanne, David Gremillet, Daniel Ksepka, Céline Le Bohec, Guillermo Luna-Jorquera, Gerald Mayr, Alistair McInnes, Travis Park, Paul Ponganis, Rene Quispe, Ralph Eric Thijl Vanstreels, Lee Underhill. Cela a été un immense plaisir d'avoir ces échanges avec toutes ces personnes, basées dans le monde entier, Europe, Chili, Australie, Afrique du Sud, États-Unis…, et passionnées par les manchots, leur vie et leur conservation.

Je profite de cet ouvrage pour remercier des personnes et institutions qui m'ont aidé ou accueilli : Yvon Le Maho et les équipes du CNRS de Strasbourg, l'Institut Polaire français Paul-Émile Victor, l'administration des Terres Australes et Antarctiques Françaises.

Une pensée toute particulière aux membres de la 33e mission de Crozet, avec qui le lien reste permanent en souvenir du temps passé sur ces îles lointaines encore habitées par les manchots.

Enfin je remercie Stéphanie Zweifel, éditrice de cet ouvrage pour tout son travail, et Philippe J. Dubois, directeur des éditions Delachaux et Niestlé, de m'avoir une nouvelle fois fait confiance pour la mise en œuvre de ce livre.